煤巷层状顶板锚固体失稳模式及波 导 特 性

刘少伟　著

应 急 管 理 出 版 社

·北　京·

内 容 提 要

　　层状结构是煤巷顶板主要结构形式之一，层状顶板也是最适合锚杆支护的顶板类型。锚杆支护煤巷顶板失稳因素较多，锚固质量是最重要的因素。顶板的失稳与锚固质量有关，锚固质量与其波导特性有关，波导特性是无损检测结果分析的重要指标。无损检测具有操作方便、检测速度快、不破坏锚固结构等优点。因此，支护效果无损检测是有效防止其冒顶的重要方法，相关的基础理论与实验研究至关重要。本书共分 8 章，主要包括煤巷层状顶板失稳机理分析、煤巷层状顶板失稳模式数值分析及分类、煤巷层状顶板失稳模式相似模拟、煤巷层状顶板树脂锚杆波导特性、锚固体锚固质量无损检测数值模拟、锚杆无损检测系统的研制与应用、锚固体承载及破坏状态时无损检测实验等内容。

　　本书可供科研及教学机构研究人员、煤矿工程技术人员、管理人员阅读、参考。

前　言

据现场实际考察，目前使用锚杆支护煤巷的煤矿每年出现顶板垮落事故 3~8 次，严重影响煤矿安全生产工作，人员伤亡时有发生。国内锚杆支护煤巷冒顶事故伤亡次数与二级以上非伤亡事故数的比例高达 1∶19.3。在几百米甚至上千米长度的锚杆支护巷道中经常出现局部区域冒顶事故，造成巨大的危害。

锚杆支护煤巷顶板失稳因素较多，锚固质量是最重要的因素。因此，支护效果检测是有效防止冒顶的重要方法。目前针对锚杆锚固质量检测的手段有拉拔检测、预埋设备和无损检测。拉拔检测、预埋设备这两种方法一方面破坏了锚杆本身，检测后锚杆失效；另一方面操作较为麻烦、费用昂贵。因此，针对锚杆锚固质量检测应提倡使用无损检测方法。该方法可以对正在产生锚固效果的锚杆进行检测，而且成本低廉、检测操作方便快捷，对锚杆杆体本身和锚固剂不产生破坏。锚杆无损检测技术在我国的研究还处于初级阶段，在吸取国外锚杆无损检测技术的基础上，提出了应用弹性波能量损耗的原理和弹性波回波法的原理相结合的方法进行锚杆锚固质量检测的理论研究。其中比较有效的方法是锚固质量的声波监测、微震监测等无损检测方法。最近三年国内外学者做了大量有益的工作。关于锚杆无损检测技术在地面岩土工程中应用较多，并且取得了一定的成果。将锚杆无损检测技术应用到煤矿煤巷顶板锚杆检测研究较少，而将其应用到煤巷层状顶板锚杆研究的更少。

由于顶板锚固体的波导特性能够反映出锚杆的工作阻力、锚固剂密实程度及锚杆的有效锚固范围，因此，煤巷顶板锚固体的波传播特征与其失稳模式存在关系，而且不同的失稳模式应具有相应的波传播特性。关于煤巷顶板锚杆的微震传播特征，有关学者在煤矿井下进行了实验，监测锚杆杆体和单纯顶板钻孔声波特性，研究得出了两者之间波导特性是存在区别的。目前，国内外关于煤巷层状顶板锚固体波传播特征与失稳模式对应关系的研究较少，可见对煤巷层状顶板锚固体波导特性及失稳模式的研究是非常必要的。

作者科研团队自 2011 年开始研究煤巷顶板锚固体稳定性与波导特性关系，利用理论分析、数值模拟及相似模拟等方法，对煤巷层状顶板失稳力学机理、煤巷层状顶板失稳模式、煤巷层状顶板树脂锚杆波导特性进行了深入系统研究，设计开发了锚杆无损检测系统，在实验室进行了验证。

全书共分 8 章。第 1 章对研究背景及国内外研究现状进行了介绍；第 2 章对煤巷层状顶板锚固体的失稳变形破坏的类型和特征进行了阐述，将层状顶板单层岩层简化为薄板结构模型，对其进行了力学分析；第 3 章对正交设计实验得到的 25 种实验方案进行数值模拟，对数值模拟结果进行应力和位移分析；第 4 章以正交设计中的方案 25 和方案 1 为依据，相似模拟试验研究得到了其力学特征；第 5 章将 5 种数值模拟方案对比分析，结合相似模拟结果，得出四类失稳模式的煤巷层状顶板锚固体失稳的波导前兆信息；第 6 章对应力波在锚固体中的传播特性进行了数值模拟研究，根据波导特性对锚固体的锚固质量进行评价；第 7 章介绍了针对煤巷锚杆的锚固质量无损检测系统，并进行了实验室测试；第 8 章分析锚固体的波导特性与失稳模式之间的关系，对相关实验进行了数据分析。

本书的出版得到了国家自然科学基金项目："煤巷顶板锚固体波导特性与失稳模式"（51104055）、"煤巷顶板锚固孔钻进动力响应特性与冒顶隐患识别"（51274087）的资助，特此感谢。在作者的研究和写作过程中，引用了一些单位和国内工程技术人员和有关学者发表的文献资料，在此对所引文献的作者表示深深的感谢。

煤巷顶板锚固体稳定性影响因素众多，错综复杂，利用无损检测技术检验其锚固效果目前仍然是探索性工作，有关理论、方法及技术还不成熟，加之作者水平有限，书中难免存在不妥之处，恳请专家、同行批评指正。

著　者

2019 年 10 月 15 日

目　　录

1　绪　　论

1.1　背景与意义

　　煤矿巷道支护经历了棚式支护到锚杆支护的过程，现场图见图1-1、图1-2。层状结构是煤巷顶板主要结构形式之一，层状顶板也是最适合锚杆支护的顶板类型，关于层状顶板稳定性的研究主要采用弹塑性力学理论和数值分析方法。很多学者在煤巷锚杆支护理论、设计方法以及监测手段上做了大量工作，仅在2019年国内发表的关于煤巷锚杆支护的文献就有100多篇，但是，还存在现场工程应用超前于科学研究水平的问题，不能从根本上解决煤巷锚杆支护的冒顶问题。据现场实际考察，目前大部分矿业集团的煤矿使用锚杆支护的层状顶板煤巷每年出现顶板垮落事故3~8次，造成工作人员伤亡的情况也很多。国内锚杆支护煤巷冒顶事故伤亡次数与二级以上非伤亡事故数的比例高达1：19.3。在几百米、甚至上千米长度的锚杆支护巷道中经常出现局部区域冒顶事故，造成巨大的危害。

图1-1　棚式支护煤巷

图 1-2 锚杆支护煤巷

锚杆支护煤巷顶板失稳因素较多，锚固质量是最重要的因素。顶板的失稳与锚固质量有关，锚固质量与波导特性有关，因此，支护效果检测是有效防止其冒顶的重要方法。

目前针对锚杆锚固质量检测的手段有拉拔检测、预埋设备和无损检测。拉拔检测、预埋设备这两种方法一方面破坏了锚杆本身，检测后锚杆失效，另一方面操作较麻烦、费用昂贵。因此，提倡使用无损检测方法。该方法可以对正在产生锚固效果的锚杆进行检测，而且成本低、检测方便快捷，对锚杆杆体本身和锚固剂不产生破坏。锚杆无损检测技术在我国的研究还处于初级阶段，在吸取国外锚杆无损检测技术的基础上，提出应用弹性波能量损耗的原理和弹性波回波法的原理相结合的方法进行锚杆锚固质量检测的理论研究。其中比较有效的方法是锚固质量的声波监测、微震监测等无损检测方法。最近三年国内外学者做了大量有益的工作。关于锚杆无损检测技术在地面岩土工程中应用较多，并且取得了一定的成果。将锚杆无损检测技术应用到煤矿煤巷顶板锚杆检测研究较少，而将其应用到煤巷层状顶板锚杆研究的更少。目前，无论是地面岩土工程还是煤矿巷道锚杆的无损检测理论均为一维非齐次阻尼波动方程在不同边界条件和初始条件下的求解。锚固体系中波传播空间为三维空间，研究工作应归结为柱坐标下的波动方程的求解。煤巷层状顶板锚固体波传播规律应归结为三维空间柱坐标下波传播特征与锚固体力学参数的解析。

由于顶板锚固体的波导特性能够反映出锚杆的工作阻力、锚固剂密实程度及锚杆的有效锚固范围，因此，煤巷顶板锚固体的波传播特征与其失稳模式（稳定顶板、中等稳定顶板、易失稳顶板、极易失稳顶板）存在关系，而且不同的失稳模式应具有相应的波传播特性。关于煤巷顶板锚杆的微震传播特征，有关学者在煤矿井下进行了实验，监测锚杆杆体和单纯顶板钻孔声波特性，研究得出了两者之间波导特性是存在区别的。关于煤巷层状顶板锚固体波传播特征与失稳模式对应关系的研究较少。可见对煤巷层状顶板锚固体波导特性及失稳模式的研究是非常必要的。

1.2 国内外研究现状

1.2.1 层状顶板岩体稳定性研究现状

国内外对层状结构岩石力学性质进行了大量的理论分析和试验研究工作。主要研究内容分为两个方面：一是基于连续梁假设岩层发生溃屈破坏和尖点失稳的性质研究；二是岩层铰接拱性质研究。

1.2.1.1 岩层溃屈破坏现象研究

（1）将岩层假设为连续梁，在纵向和横向两个方向载荷作用下失稳形式是溃屈破坏。1985 年孙广忠教授将岩层简化为两端固支弹性梁，运用能量平衡原理进行了力学分析，得出单层岩石发生溃屈破坏的临界纵向载荷公式：

$$P_{cr} = \frac{4\pi^2 EI}{s^2} - \frac{q\sin\alpha}{2}s \qquad (1-1)$$

式中，E 为岩层弹性模量；I 为梁的惯性矩；s 为梁的跨度；q 为梁的横向载荷；α 为梁的倾角。

（2）秦四清应用尖点突变理论分析了地下硐室水平和竖直岩层的失稳条件。得出了两端固支水平岩层挠度函数：

$$y = \frac{\mu}{2}\left(1 - \cos\frac{2\pi x}{s}\right) \qquad (1-2)$$

失稳的充要条件为：

$$\left(\frac{4\pi^2 EI}{s^2} - p\right)^3 + \frac{27}{4}EIq^2 = 0 \qquad (1-3)$$

式中，p 为板的横向载荷，q 为板的纵向载荷，s 为板的长度，如图 1-3 所示。可以看出，岩层发生尖点失稳条件取决于岩层性质、几何条件以及载荷组合，与岩层强度无关。

（3）叶明亮应用复合材料力学理论，将岩层由下而上分析第 n 分层岩层对岩梁荷载影响，确定覆岩

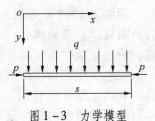

图 1-3 力学模型

层对岩梁荷载 q 值的影响厚度。根据弹性固支梁理论，得到岩梁被拉裂的极限跨距：

$$L_{max} = \frac{h\sqrt{2}\sigma_{st}}{q} \qquad (1-4)$$

应用弹性悬臂梁理论，得到岩梁的应力分量表达式和最大拉应力计算式：

$$\sigma_{max} = \frac{3q}{h^2}L_{max}^2 - \frac{1}{5}q \qquad (1-5)$$

1.2.1.2 铰接拱力学性质研究现状

钱鸣高院士等对煤矿采场基本顶裂隙体梁稳定平衡理论进行了试验和理论分析研究，提出了裂隙体梁平衡的"S—R"稳定理论，指出岩层厚度与长度比大于 0.3 ~ 0.34 时，砌体块回转角度太小，砌体块间水平推力（纵向载荷）过小，岩层与两侧岩石摩擦力小于岩层横向载荷而导致砌体滑落；岩层厚度与长度比较小时，回转角度过大，砌体块间推力过大，拱铰处岩石压碎，导致砌体过大的转动位移而失稳，称为变形失稳。

苏联 A. A. 鲍里索夫指出巷道岩层的发展动态取决于岩层跨厚比，当 $s/t > 10$ 时，岩层断裂后发生冒落；当 $s/t < 10$ 时，岩层出现裂纹后形成三铰拱。假设纵向载荷沿挤压面为三角形分布，当最大挤压应力等于岩石单轴抗压强度时岩石被压碎，三铰拱失稳。

1993 年 Passaris 用混凝土模拟岩石，将两块材料对接成总长 0.9 ~ 1.4 m、厚 0.13 ~ 0.18 m 的岩梁试件，并结合有限元分析结果，对裂隙体梁强度、拱铰处纵向载荷分布和量值计算等问题进行了研究。

国外对一种判断岩层稳定性的迭代方法进行了一系列研究。此方法于 1941 年由 Evas 提出，后获得了 Beer、Meek、Beady、Brown、Diederichs、Sofianos 等人的发展。该方法以单一岩层为研究对象，岩层载荷为自身重力、两侧岩体的推力（纵向载荷）和摩擦力，其中推力为重力的诱导载荷，并假定它在挤压面上为三角形分布和按抛物拱传递。岩层破坏方式有两种：推力过大造成挤压面压碎引起变形失稳和推力过小时形成岩层滑落破坏。

缪协兴 1989 年采用光弹实验法研究了图 1-4 所示的裂隙体梁砌块间纵向载荷分布规律。裂隙体梁两端水平方向固定，并用石膏、砖、混凝土材料模拟岩石，测量了拱铰压碎破坏的强度条件。

张志文用石青块模拟基本顶岩石制作裂隙体梁，如图 1-5 所示。裂隙体梁横向载荷 q 用重物施加，实验过程中，横向（竖直方向）载荷保持恒定，裂隙体梁两端初始纵向载荷很小。试验结果表明，裂隙体梁下沉过程中形成铰接拱，随着跨度和载荷增大，最初阶段铰接拱的纵向载荷 T 和挠度稳定增长，在接近破坏时迅速增大，铰接拱发生滑动破坏的几何条件为岩层厚度 $t \geq 1/4l\tan(\varphi - \theta)$，当铰接拱跨中的下沉量等于 $(1/5 \sim 1/6)t$ 时发生变形失稳。

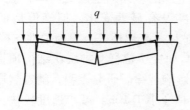 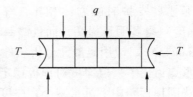

图 1 - 4 裂隙体梁结构模型　　　　　图 1 - 5 裂隙体梁实验模型

1.2.2 锚杆支护层状顶板稳定性研究现状

组合梁理论是锚杆支护机理的一种传统提法。它认为无锚杆支护时，顶板岩层在竖直方向载荷作用下，各层发生挠曲下沉，层间存在错动；施加锚杆支护后，锚杆轴向拉力将岩层挤紧，增加了层间滑动摩擦力，同时锚杆杆体抗剪能力也阻止层间错动，因此叠合梁转化成为组合梁。侯朝炯教授发展了单层岩石稳定性迭代判断法，使其成为顶板锚固层稳定性的判断方法。将锚固层视为一个整层，并取为隔离体，受力为自重、两侧岩层的诱导推力、摩擦力和锚杆的拉力，从而建立了有别于单层岩石的模型。在判定破坏与否时，用锚固体强度指标替代了岩石强度指标。英国 D. N. 贝格比和澳大利亚 W. 盖尔等人认为煤巷顶板破坏是由水平地应力引起的，由此解释了巷道走向与最大水平地应力方向关系对顶板破坏的影响规律：两者平行时巷道最为稳定，垂直时最差，斜交时居中。D. N. 贝格比认为在水平应力作用下，岩层发生低角度的剪切破坏，顶板锚杆作用在于提高围压，使岩层强度提高。在这种观点指导下，形成了一种锚杆参数系统设计方法，其实质内容是以地应力测量结果和岩体地质力学评估为基础，结合数值模拟分析结果进行锚杆参数初始设计，然后根据围岩稳定性观测结果对初始设计进行修正。我国也进行了这方面的研究，郭颂博士在调查了美国煤巷锚杆支护情况后，提出了刚性梁理论，即当锚杆预应力达到一定值时可以消除锚固层内的离层，在这种情况下，水平应力不超过岩石抗压强度时，对锚固层起到夹持作用，有利于顶板稳定，锚固层成为刚性梁。

林崇德应用离散元分析软件模拟了有支护和无支护情况下水平层状结构顶板的变形和破坏过程。模拟的边界条件是：两侧施加水平应力并固定，上边界固定，下边界开挖。模拟结果表明，无支护情况下层状结构顶板破坏是水平应力作用的结果，而非竖直应力作用下的梁式破坏：顶板岩层承受单向切向应力作用，经历了挤压破坏和弯曲变形的过程。施加锚杆支护后，锚杆与岩体形成锚－岩支护体，锚－岩支护体是顶板的支护结构，它上部的岩体则是被支护体。锚－岩支护体与无锚杆支护时的岩体相比，峰值强度没有显著变化，但峰值后的强度（残余强度）得到明显提高，而且锚－岩支护体可变形性好，成为柔性支护体。

Sofianos A. I. 应用离散元分析软件 UDEC 研究了锚杆支护层状结构顶板的稳定性，重点讨论了岩层厚度对顶板稳定性的影响规律。研究表明，随着岩层厚度增大，锚固顶板跨中下沉量减小，厚度较薄时（小于 1 m）减小速度较快，超过 1 m 后减小速度变慢。岩层承载力随厚度增大而增大，厚度小于 1 m 时增大较快，超过 1 m 增大较慢。

1.2.3 锚杆锚固质量无损检测技术及波导特性研究现状

近几十年发展起来的无损探伤技术，主要利用相应的硬件设备和媒介以及获取结论的信号处理方法对岩土锚固进行安全评价，它是多学科紧密结合的高技术产物。现代材料科学和应用物理学的发展为无损探伤技术奠定了理论基础，现代电子技术和计算机科学的发展为无损探伤技术提供了现代化的测试工具。现代土木工程中迅速发展的新设计、新材料、新工艺又对无损探伤技术不断地提出新的更高的要求，起着积极的促进作用。所以，它已成为测试技术体系中的一个重要分支，是建筑工程测试技术现代化的重要发展方向。20 世纪 80 年代以来，微震法无损检测被逐渐应用于锚固工程的质量检测中，国内外许多研究人员进行了无损检测锚杆锚固质量的研究工作，取得了很多成果。

1987 年，我国铁科院铁建所钟世航教授提出用声波能量对比的方法，使用机械撞击的激发方式和水耦合接受传感器的手段来研究锚杆的水泥砂浆灌注饱和度与反射振幅的关系，并与地矿部技术方法研究所协作研制出声波反射波检测仪。

1995—1998 年，郭世明等在大朝山水电站采用应力波法对近千根锚杆进行了质量检测，通过在测试中的对比研究，表明采用应力波法对锚杆质量进行检测是可行的。

2000 年，长江工程地球物理勘测研究院在原有桩基检测仪器及其理论的基础上，对三峡工程的锚杆进行研究，应用了声频应力波法，自行设计研制了功率可调的自动发射装置和微型灵敏的接收传感器进行信号的激发和接收，将传统的信号处理方法和现代的信号处理方法相结合，把信号的能量特征与相位特征结合，从而对锚杆长度及锚固状态进行综合判断。

　　2002年，姜福兴教授等人介绍了澳大利亚联邦科学工业研究院勘探采矿局（CSIRO）开发的用于岩层破裂监测的微震监测系统，为能将之应用于中国深井灾害的监测，提出了对软硬件改造和开发井下智能化、自动化和可视化微震监测系统的初步方案，这一系统的开发应用对改变我国煤矿安全状况有重要意义。

　　重庆大学的许明利用声波原理把声波测试技术应用于锚固工程完整性无损检测中，其基本原理是采用动力瞬态激振引起锚杆弹性振动，通过测定锚杆的振动响应来估计和推断锚杆的完整性。利用人工神经网络进行锚杆完整性的预测，将人工神经网络这类非线性动力学系统运用于该灰色系统的质量预测，取得了一定的效果。

　　太原理工大学李义、张昌锁对近年来有关锚杆无损检测的研究工作进行总结。通过理论分析和实验研究，对锚杆锚固质量无损检测中的几个关键问题进行了较为深入的探讨研究。通过逐渐改变锚杆自由段和锚固段相对长度的方法，研究底端反射的变化规律，得出锚固长度小于3/4首波波长时底端反射不明显的结论；通过对锚固体控制体积的力学分析，用水泥砂浆在不同养护时间内的固化程度和对杆体的握裹强度模拟锚固介质的黏结强度，得出固结波速与锚杆杆体、锚固介质及围岩之间的黏结强度有关的结论。

　　刘海峰等人通过理论分析和实验研究，证明了锚杆锚固体中弹性应力波的波速确实会发生变化，给出了锚杆锚固质量与锚固体中弹性应力波波速之间的定性关系，提出了用锚固体中弹性应力波波速作为衡量锚杆锚固质量的一个重要参数。

　　李青峰等人从理论上研究了纵波在预应力锚杆内传播规律，在锚固开始位置有一反相的反射波，在锚固结束位置（或锚杆末端）有一同向的反射波，对于预应力锚杆的无损动力检测起到极大的推动作用。

　　李善春将波导杆简化为一维弹性杆，分析了声发射源产生的声发射信号在不同直径波导杆中的传播特性，以及声发射信号在波导杆中反射的特点，给出了动态响应的数学模型，通过对常用不同直径波导杆的室内实验，给出了声发射信号在波导杆中传播特性，为选择传播衰减小、传播特性好的波导杆提供理论、实验依据。

　　王成、杨湖等人通过理论分析得出了波在锚杆体内衰减的物理机制、锚固段内波的能量分配规律以及锚固段内波速发生改变，是导致锚杆底端反射滞后的主要原因。这些结果为锚杆锚固质量的无损检测提供了重要的理论依据。

　　张永兴等人建立锚杆－围岩结构系统低应变纵向动力响应的数学力学模型，研究不同损伤锚杆应力波的传播规律、特性，为研究锚杆结构系统的无损探伤原理及方法提供理论依据，提出了对锚杆系统进行参数反演的遗传算法，提出了利用小波变换的极大值点诊断锚杆系统损伤位置的方法。

原焦作工学院（现河南理工大学）的学生夏代林在其导师吕绍林的指导下进行了锚杆锚固质量快速无损监测技术研究，提出了应用声波在锚杆锚固系统中的相位特征与能量特征相结合的方法来综合评定锚杆锚固质量的方法，其依据是当锚固系统中存在锚固缺陷时，声波在锚固缺陷处不仅存在能量变化，而且存在相位突变。

杨维武等人借鉴桩基检测原理，通过理论分析和实验研究，证明了锚杆锚固体中固结波速确实会发生变化，其变化范围介于激发应力波在自由锚杆杆体中的传播速度和应力波在锚固介质中的传播速度之间，其值大小与锚杆、锚固介质及围岩的黏结强度有关。养护初期（＜14 d），随着养护时间的增加，固结波速逐渐减小。当养护时间达到一定值（约14 d）后，随着养护时间的增加，固结波速逐渐增大，并最终趋于定值。同时给出了固结波速和锚固质量的定性关系。

张世平等人采用凝固过程中的混凝土模拟不同物理力学特性的锚固介质，用数值模拟和试验的方法研究了锚固锚杆中的波系及锚固锚杆中界面波的形成过程。结果表明随着锚固介质力学性质的改变锚杆中传播的波的特性发生改变，可以用界面波的波速来评价锚杆锚固质量以及计算锚杆锚固段长度。

此外，还有许多科研单位和个人在锚杆锚固质量无损检测的理论和应用方面做了大量的研究工作，促进了锚杆锚固质量无损检测技术的发展和进步。

1.3　本书研究内容

1. 不同失稳模式煤巷层状顶板的锚固体组合方案及力学特征

确定不同失稳模式煤巷层状顶板锚固体可能的组合方案，组合方案的指标包括应力、顶板各层位厚度、顶板层位的岩性及力学性质、巷道尺寸、岩层倾角、顶板锚固参数等。利用离散元软件，采用反分析的方法，对四类失稳模式（不失稳、中等失稳、易失稳、极易失稳）煤巷层状顶板锚固体进行数值模拟分析，根据模拟效果得到四类失稳模式煤巷。为研究煤巷层状顶板锚固体失稳模式与其波导特性的关系提供基础。

2. 锚固体系中应力波传播规律的研究

对锚固体系中应力波传播规律进行研究，将现有的直角坐标系下的应力波传播公式转化为柱坐标下的应力波传播公式，并进行求解计算出反映物体材料特性的相关参数。

3. 锚固体锚固质量无损检测模拟研究

应用有限元数值模拟软件对自由状态下锚杆、不同锚固状态下的锚杆进行数值模拟研究。开发出一种适合于煤巷锚固体锚固质量的检测仪，分别在实验室对自由状态下的锚杆，不同锚固状态下锚杆进行实验，结合数值模拟求解方法，计算锚杆自由段长度、有效锚固长度和锚固剂密实度。

4. 锚固体失稳模式与其应力波传播特性之间的关系

建立锚固体不同失稳模式的实验模型，求解锚固体不同失稳模式与应力波在其中传播特性之间的对应关系，根据其对应关系预测未知锚固体失稳模式，并最终预测锚固体失稳前兆的波导特征信息指标。

2 煤巷层状顶板失稳机理分析

2.1 层状顶板失稳形式

未经采动的岩体，在巷道开挖之前都处于弹性变形形态，岩体所受的原岩应力等于上覆岩层的自重应力 γH。巷道开挖后，原岩应力重新分布，巷道周围围岩出现应力集中。在应力集中的作用下，巷道产生向开挖空间的一定幅度移动甚至破坏失稳。

层状顶板条件下的井下巷道开挖后，顶板可能发生离层变形、破裂破断、垮落破坏等多种形式。经过大量的现场实际观测，层状顶板的失稳破坏形式主要有剪切破坏、拉伸破坏、离层与挠曲破坏、压缩破坏。现场巷道实际发生的破坏有的是单独一种形式，有的是几种形式的组合。

1. 剪切破坏

剪切破坏是指由于层状顶板层理间剪应力达到或超过岩体最大抗剪强度时形成的剪切破裂面。层状顶板岩体沿着剪切破裂面方向发生滑动后，剪应力随之减小。层状顶板发生剪切破坏的原因可能是顶板结构强度较低，或是巷道两帮顶角处的压应力过大，当巷道开挖引起的应力重新分布后岩层容易发生剪切破坏，如图 2 − 1a、图 2 − 1b 所示。由于局部顶板剪应力过大，常常发生顶板剪切滑落现象。当层状顶板岩体产生离层且离层厚度大于巷道跨度的1/3时，顶板岩层间的剪切破坏一般会在层理面的离层间停止。在有断层的复杂地下岩体中开挖时，层状顶板岩体发生剪切破坏是一种较为常见的现象。

2. 拉伸破坏

拉伸破坏是指由于层状顶板中的局部拉应力超过了顶板周围岩体最大抗拉强度而形成的张拉性破裂面，如图 2 − 1c 所示。当层状顶板内部所有由于拉应力而产生的张拉性破裂面互相贯通时，产生破裂面的岩体将发生下沉变形。张拉性破裂面与剪切破裂面有很大不同，一般来说，张性破裂面的表面比较粗糙，破裂面与破裂面之间并没有破碎的岩石颗粒等，而剪切破裂面的表面则比较光滑，破裂面之间多存在因岩体相互滑动摩擦和受到挤压而形成的岩石粉末。

3. 离层与挠曲破坏

　　离层与挠曲破坏指的是由于层状顶板岩体发生弯曲而产生拉伸张裂，随着拉伸张裂的慢慢变大，最后导致岩体发生破坏。这种破坏形式一般发生在巷道的层状顶板围岩中，如图2-1d、图2-1e所示。由于层状顶板的岩层受到来自上覆岩层自重产生的压应力作用，岩体在巷道的两帮顶角处发生滑动，向顶板的中心线方向移动，使巷道顶板靠下方的岩层与它相邻的上部岩层发生离层，随即与上部岩层分离，继而垮落。在层状顶板岩体结构中，当岩层的节理面与最大主应力的方向斜交时，岩层容易沿该节理面失稳。

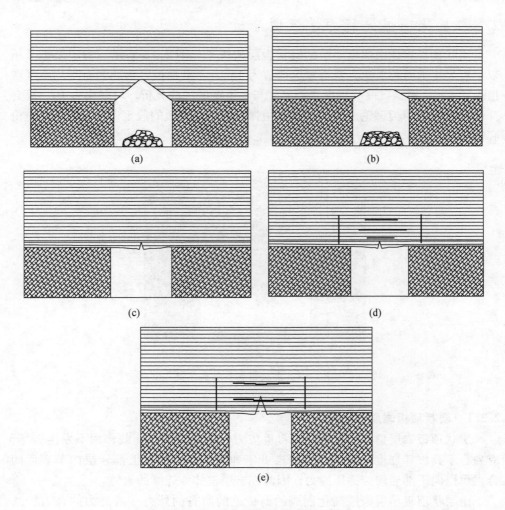

图2-1 层状顶板失稳破坏形式

4. 压缩破坏

压缩破坏是指一种由几种不同的破坏形式组合的破坏方式，由层状顶板岩层拉伸、剪切、离层挠曲产生的岩层节理间裂缝交织在一起而形成的挤压破坏。顶板围岩产生的裂隙首先出现在巷道的顶板、底板、四角处，进而向围岩深处发展，最后形成纵横交错的裂隙发育区域。因此，巷道层状顶板的围岩发生垮落现象，直到形成冒落拱才稳定下来。层状顶板岩体的压缩破坏实际上由多种破坏的组合而成。

2.2 层状顶板失稳力学模型分析

层状顶板岩体由厚度不一的层状岩层构成，如图 2-2 所示。力学模型分析以单层岩层为研究对象，巷道宽度取值为 4 m，巷道顶板冒落的岩石平均厚度取值为 0.4 m。根据冒落的顶板岩石厚度与巷道宽度组成分析，垮厚比为 10，符合弹性力学中的薄板理论，因此本节采用弹性力学中薄板的假定条件，以使问题得到简化。

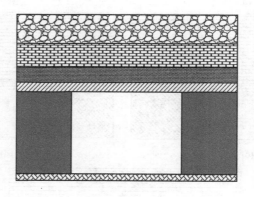

图 2-2 层状顶板岩层示意图

2.2.1 层状顶板岩层假设

层状顶板岩层整体在上覆岩层自重应力作用的纵横向荷载作用下发生破坏，应力小于其破坏强度，可以认为岩层处于弹性状态。顶板上部岩层内节理面闭合，可以向下部岩层传递压应力，因此视岩层整体为连续的岩体。

由层状顶板单层岩层简化而成的薄板上的所有的外力（或外力的合力）均作用在包含该对称轴的纵向平面（称为纵对称面）内。由于板的几何、物性和外力均对称于板的对称面，因此，板变形后的轴线必定是一条在该纵对称面内的平面曲线，这种弯曲称为对称弯曲，也称为平面弯曲（图2-3）。

根据巷道的实际情况，可以近似认为顶板为平面弯曲状态。取巷道顶板上单位长度进行分析，建立图2-4所示的坐标系，x 轴为巷道的跨度方向，y 轴为顶板岩层厚度，t 为板的厚度。

假设板在 x、y、z 方向上的位移为 u、v、w，根据平面性质及弹性力学中板的相关假定可知，

$$\varepsilon_z = \varepsilon_y = \varepsilon_{zx} = \varepsilon_{zy} = \varepsilon_{yx} = 0 \qquad (2-1)$$
$$w = 0 \qquad (2-2)$$

式中，ε 为应变；u、v 分别是 x 的函数，$u = u(x)$，$v = v(x)$。

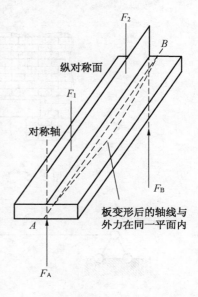

图2-3 薄板平面弯曲示意图

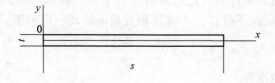

图2-4 坐标系图

2.2.2 边界条件

板的支座按其对板的载荷作用平面的约束情况，可简化为固定端、固定铰支座、可动铰支座3种。

板的实际支座根据约束情况，通常可简化为上述3种基本形式。但是，支座的简化往往与对计算的精度要求或与所有支座对整个板的约束情况有关。层状顶板如图2-5所示，由于插入端较短，因而板端在岩体内有微小转动的可能。此外，当板有可能发生水平移动时，其一端与岩体接触后，岩体就限制了板的水平移动。因此，板的两个支座中的一个应简化为固定铰支座，而另一个则简化为可动铰支座（图2-6）。

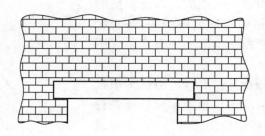

图 2-5　层状顶板下部单层岩层示意图

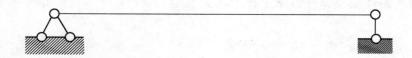

图 2-6　简化成薄板后的边界条件

图 2-6 所示边界条件假设在边界处存在节理，在纵向荷载作用下，节理面摩擦力能够约束岩层向下位移，不能限制其截面转动，可得下式：

$$\nu\big|_{x=0}=0 \qquad \frac{\mathrm{d}\nu}{\mathrm{d}x}\bigg|_{x=0}=0 \tag{2-3}$$

2.2.3　力学模型的推导

1. 顶板下沉量计算

薄板的变形势能为

$$U=\frac{1}{2}\iiint\left(\sigma_x\varepsilon_x+\sigma_y\varepsilon_y+\sigma_z\varepsilon_z+\tau_{xy}\varepsilon_{xy}+\tau_{yz}\varepsilon_{yz}+\tau_{zx}+\varepsilon_{zx}\right)\mathrm{d}x\mathrm{d}y\mathrm{d}z \tag{2-4}$$

$$\varepsilon_x=-z\frac{\partial^2\omega}{\partial x^2} \qquad \sigma_x=-\frac{Ez}{1-\mu^2}\frac{\partial^2\omega}{\partial x^2} \tag{2-5}$$

式中，E、μ 分别为岩层弹性模量和泊松比。

将式 (2-1)、式 (2-5) 代入式 (2-4)，可得

$$U=\frac{E}{2(1-\mu^2)}\int_{-\frac{t}{2}}^{\frac{t}{2}}\int_0^l\int_0^\sigma\left(\frac{\partial^2\omega}{\partial x^2}\right)^2 z^2\mathrm{d}x\mathrm{d}y\mathrm{d}z$$

$$=\frac{Et^3}{24(1-\mu^2)}\int_0^\sigma\left(\frac{\partial^2\omega}{\partial x^2}\right)^2\mathrm{d}x$$

$$= \frac{D}{2} \int_0^\sigma \left(\frac{\partial^2 \omega}{\partial x^2} \right)^2 \mathrm{d}x \tag{2-6}$$

式中 D——薄板的弯曲刚度。

$$D = \frac{Et^3}{12(1-\mu^2)} \tag{2-7}$$

纵向载荷与横向载荷所做的总功 W 为

$$W = W_1 + W_2 \tag{2-8}$$

其中横向载荷所做的功 W_1 为

$$\mathrm{d}W_1 = T\mathrm{d}y \left[-\frac{1}{2} \left(\frac{\partial \omega}{\partial x} \right)^2 \mathrm{d}x \right] = -\frac{1}{2} T \left(\frac{\partial \omega}{\partial x} \right)^2 \mathrm{d}x \mathrm{d}y \tag{2-9}$$

积分可得

$$W_1 = -\frac{1}{2} T \int_0^\sigma \left(\frac{\partial \omega}{\partial x} \right)^2 \mathrm{d}x \tag{2-10}$$

纵向载荷所做的功 W_2 为

$$W_2 = \int_0^\sigma q\omega \mathrm{d}x = q \int_0^\sigma \omega \mathrm{d}x \tag{2-11}$$

将式（2-10）和式（2-11）代入式（2-8），可得

$$W = \frac{1}{2} T \int_0^\sigma \left(\frac{\partial \omega}{\partial x} \right)^2 \mathrm{d}x + q \int_0^\sigma \omega \mathrm{d}x \tag{2-12}$$

根据功能守恒方程 $U-W=0$，将式（2-6）和式（2-12）代入功能守恒方程后可求出临界载荷 T。

$$T = \frac{D\int_0^\sigma \left(\frac{\partial^2 \omega}{\partial x^2} \right)^2 \mathrm{d}x - q \int_0^\sigma \omega \mathrm{d}x}{\int_0^\sigma \left(\frac{\partial \omega}{\partial x} \right)^2 \mathrm{d}x} \tag{2-13}$$

通过一端为固定铰支座，而另一端为可动铰支座的边界条件，可以假设把顶板挠度 ω 的表达式取为 $\omega = A\sin\frac{\pi x}{s}$，$A$ 是板的跨中挠度，表达式满足边界条件。将此表达式代入式（2-12）可得

$$W = \frac{\pi^2 A^2 T}{2s^2} \int_0^\sigma \cos^2 \frac{\pi x}{s} \mathrm{d}x + qA \int_0^\sigma \sin \frac{\pi x}{s} \mathrm{d}x \tag{2-14}$$

式中 T——顶板所受纵向载荷；

q——顶板所受横向均布载荷。

将顶板挠度 ω 的表达式代入式（2-6），可得

$$U = \frac{D\pi^4 A^2}{2s^2} \int_0^\sigma \sin^2 \frac{\pi x}{s} \mathrm{d}x = \frac{\pi^4 D}{4s^3} A^2 \qquad (2-15)$$

将式（2-14）和式（2-15）代入功能守恒方程，可得

$$\frac{2sq}{\pi} A + \frac{\pi^2 T}{4s} A^2 = \frac{\pi^4 D}{4s^3} A^2 \qquad (2-16)$$

可以解得

$$A = \frac{8s^2 q}{\pi^3 \left(\dfrac{\pi^2}{s^2} D - T \right)} \qquad (2-17)$$

显然，$A=0$ 不符合巷道顶板挠度的实际情况，故舍去 $A=0$。因此，式（2-17）是 A 的解。

将式（2-17）代入顶板挠度 ω 的表达式，可以解得层状顶板单个岩层的下沉位移：

$$\omega = \frac{8s^2 q}{\pi^3 \left(\dfrac{\pi^2}{s^2} D - T \right)} \cdot \sin \frac{\pi x}{s} \qquad (2-18)$$

根据式（2-18）可以得出：

（1）以薄板为简化模型的层状顶板单层岩层跨中的下沉位移量与横向载荷 q、纵向载荷 T、巷道跨度 s、岩层厚度 t、岩层性质（弹性模量 E 和泊松比 μ）等影响因素相关。

（2）当顶板所承受的纵向载荷 T 不变时，顶板的下沉量与横向载荷 q 成正比。

2. 顶板应力计算

根据式（2-18）可以得出，纵向载荷 T 存在一个理论极限值，该极限值在上述力学模型边界条件下为 $\pi^2 D/s^2$，在纵向载荷达到该极限值时，层状顶板岩层的下沉量 ω 趋于无穷大。根据纵向载荷的极限值可以得出上述力学模型的临界应力：

$$\sigma = \frac{T}{t} = \frac{\pi^2 E t^3}{12(1-\mu^2) t s^2} = \frac{\pi^2 E}{12(1-\mu^2)} \cdot \frac{1}{\eta^2} \qquad (2-19)$$

式中　η——顶板岩层的跨厚比，$\eta = \dfrac{s}{t}$。

根据式（2-19）可以得出，临界应力的大小与层状顶板岩层的力学性质和几何参数有关。层状顶板岩层的跨厚比同样是顶板下沉变形破坏的重要因素。顶板的临界应力与跨厚比成反比，即当跨厚比减小时，导致顶板破坏的临界应力增

大，则顶板的稳定性增强。因此，当顶板跨度不变时，随着岩层厚度的增加顶板稳定性增强。因此，在岩层的支护过程中减小岩层跨度可增加顶板的稳定性。

2.3 组合梁理论

组合梁理论适用于顶板岩层中存在若干分层的情况，因此，锚杆支护的层状顶板适用组合梁理论分析。组合梁理论认为，锚杆的作用：一方面提供锚固力增加各岩层间的摩擦力，阻止岩层沿层面继续滑动，避免出现离层现象；另一方面锚杆杆体可增加岩层间的抗剪强度，阻止岩层间的水平错动，从而将巷道顶板锚固范围内的几个薄岩层锁成一个较厚的岩层，具体如图 2 - 7 所示。

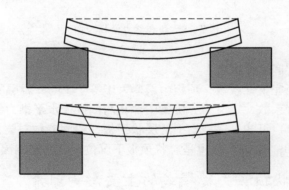

图 2 - 7　层状顶板锚杆组合梁示意图

组合梁理论充分考虑了锚杆对顶板岩层间离层及滑动的约束作用，原理上对锚杆作用分析的比较全面。

组合梁力学模型如图 2 - 8 所示，经过力学平衡分析可以得出组合梁两端平均压应力计算公式为

$$\sigma = \frac{(q + \gamma l)s^2 + 2\alpha fsl[(1-\alpha)\gamma l - q - \gamma\alpha_z t]}{8\alpha_z \alpha lt} \qquad (2-20)$$

式中　σ——平均应力；

　　　q——上部岩层对组合梁的压力；

　　　γ——岩体的容重；

　　　t——组合梁岩层的平均厚度；

　　　s——巷道跨度；

　　　l——锚固层厚度，一般比锚杆长度小 0.1 m；

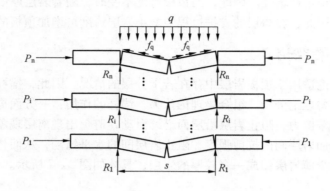

图 2 - 8　组合梁力学模型图

f——岩层间摩擦因数；

α——顶板完整性系数，顶板中层厚大于等于 15 cm 岩层所占比例；

α_z——力臂系数，定义为分层梁中部与两侧拱铰水平推力线距离。

从式（2 - 20）可知，锚杆支护的层状顶板，锚固参数对岩层两端的应力具有一定影响。因此，锚固参数也是层状顶板下沉位移量的影响因素之一。

2.4　煤巷层状顶板失稳模式的主要影响因素

综合上述分析，层状顶板失稳的主要影响因素有围岩应力、顶板各层厚度、顶板各层位物理力学性质、巷道断面尺寸、岩层倾角和锚固参数。

2.4.1　围岩应力的影响

采掘活动引起巷道围岩应力集中和重新分布，使巷道周边岩体自稳能力显著降低，导致围岩向巷道空间移动。为了防止围岩变形和破坏，需要对围岩进行支护，这种围岩变形受阻而作用在支护结构物上的挤压力或塌落岩石的重力统称为围岩应力。由于应力造成的围岩松动、变形、膨胀及冲击和撞击都会对围岩的支护施加变形压力，导致支护装置的损伤和破断，从而引起顶板围岩的失稳。

2.4.2　顶板层位厚度影响

在煤矿的实际生产中，通常把赋存在煤层之上的岩层称为顶板或上覆岩层。在上覆岩层中，一般把直接位于煤层上方的一层或几层性质相近的岩层称为直接顶；把位于直接顶之上对巷道采场矿山压力直接造成影响的厚而坚硬的岩层称为基本顶；个别情况下，基本顶和直接顶之间还存在一些软弱夹层。直接顶和软弱夹层自身强度较低，易发生冒落。通常煤矿使用的锚杆长度为 1.8 ~ 2.4 m，如果当直接顶和软弱夹层的厚度超过 2.4 m，则锚杆整体位于强度较低的岩层内，锚固效果大大降低，增大了顶板失稳的可能性；当直接顶和软弱夹层的厚度小于 2.4 m，则锚杆部分可锚固在基本顶内，起到悬挂作用，一定程度上控制了顶板的变形，降低了顶板失稳的可能性。

2.4.3　顶板各层位的物理力学性质的影响

岩体在外力的作用下，变形将不断发展直至破坏，其破坏方式主要有脆性破坏和塑性破坏。岩体强度越小越容易发生破坏，而岩体强度的大小取决于岩性（主要是弹性模量 E、泊松比 μ）和力学性质（主要是内聚力 c、内摩擦角 φ、抗拉强度 R_t）。

2.4.4　巷道断面大小的影响

在地质条件一定的情况下，巷道断面的大小是影响上覆岩层破坏的重要因素之一。众所周知，巷道断面越大，掘巷时挖出的空间越大，必然导致巷道上覆岩层破坏越严重。

2.4.5　岩层倾角的影响

实际观测证明，岩层倾角对煤巷矿山压力显现的影响也是很大的。随着岩层倾角增加，顶板下沉量将逐渐变小。上覆岩层的重量 W（图 2-9），由于倾角 α 增大，必然使沿岩层面的切向滑移力 $W\sin\alpha$ 增大，而使作用于层面的垂直压力 $W\cos\alpha$ 减小。

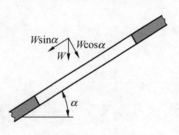

图 2-9　岩层倾角对矿山压力的影响

2.4.6　锚固参数的影响

锚固参数包括锚杆的直径及长度、锚杆之间的间距及排距、锚固剂的密实度。除了锚固剂密实度之外的指标人为修正都很容易，可以根据实际支护效果更换不同直径的锚杆或增大缩小锚杆之间的间排距。锚固剂密实度很难检测，一旦出现密实度不高的情况，锚杆基本失效，将带来冒顶危险。因此，锚固剂密实度作为此次研究锚固参数的重要指标，其余锚固参数都取常用值。

2.5　本章小结

本章对研究对象煤巷层状顶板锚固体的失稳变形破坏的类型和特征进行了阐述，将层状顶板单层岩层简化为薄板结构模型，对其进行力学分析，结合组合梁理论，得出以下结论：

（1）将层状顶板单层岩层简化为薄板力学模型，得出顶板失稳破坏时跨中的挠度公式，即顶板跨中下沉量的公式。从公式中可以看出，层状顶板失稳破坏时，岩体的岩性（物理力学性质）、各层位的厚度、巷道的跨度和围岩应力（纵向载荷和横向载荷）是顶板下沉的重要影响因素。

（2）根据层状顶板岩层的跨中挠度公式，得出影响岩层失稳破坏的横向载荷的极限值，继而得出临界应力的计算公式。根据公式，可得顶板的临界应力与跨厚比成反比，即当跨厚比减小时，顶板的稳定性增强。因此，在岩层的支护过程中减小岩层跨度可增加顶板的稳定性。

（3）结合组合梁理论，得出组合梁力学模型中平均应力的计算公式，分析可得，锚固参数也是层状顶板稳定性的重要影响因素之一。

3 煤巷层状顶板失稳模式数值分析及分类

3.1 数值模拟分析软件的选择

3.1.1 数值模拟分析的理论和目的

数值模拟分析也称为计算机模拟分析，它以计算机为手段，通过数值计算和图像显示的方法，达到对工程问题和物理问题乃至自然界各类问题研究的目的。

数值模拟分析以弹塑性理论为基础，考虑了岩体的本构关系，即应力—应变关系，在符合岩体破坏准则的基础上求出模拟中单元体的力的平衡和变形协调。由于岩体的本构关系是非线性的，使数值模拟分析中的数值计算变得十分复杂。随着科技的发展，计算机技术也有了长足的进步，复杂精细的数值计算问题得到了解决。现今数值模拟分析结果的好坏，主要取决于岩体的构造和相关岩体物理力学参数的获取情况。

数值计算的方法主要有有限元法、离散元法、边界元法、流形元法、快速拉格朗日法等。各种数值计算方法在岩土、边坡稳定分析中均有应用，但这些方法其理论本身以及采用的算法都有各自的局限性。

UDEC（Universal Distinct Element Code）软件是一款利用显式解题方案为岩土工程提供精确有效数值模拟分析的工具，显式解题方案为不稳定物理过程提供稳定解，并可以模拟对象的破坏过程，该软件特别适合模拟节理岩石系统或者不连续块体集合体系在静力或动力荷载条件下的响应。基于本书的研究目的，采用离散元软件 UDEC 对煤巷层状顶板失稳模式在不同影响因素组合的条件下进行数值模拟分析，分析各种条件下层状顶板的下沉量和受力状态。

3.1.2 UDEC 软件概述

UDEC 软件的设计思想是解决一系列的工程问题，如矿山、核废料处理、能源、坝体稳定、节理岩石地基、地震、地下结构等问题的研究。UDEC 软件已经在工程、咨询、教学和研究中应用了近二十年，目前持证用户超过 1000 个，遍布 60 个国家，是世界上岩土工程数值模拟首选工具。

  UDEC 软件用于模拟非连续介质承受静载或动载作用下的响应,非连续介质(离散介质)通过圆角化块体集合体表达,离散块体可处理为变形体或刚体。离散块体具有丰富的材料模型,如弹性、理想弹塑性、双屈服、应变软化和摩尔库仑等。非连续结构面法向切向力—位移关系可服从多种本构定律。UDEC 软件中还包含丰富的结构单元类型库,可灵活实现结构—岩体相互作用,特别适用于支护结构与岩体非协调变形问题,包括梁、桩、锚杆、锚索、土钉、支撑、衬砌单元等。

  UDEC 软件内置程序编译工具 FISH 语言,用于程序配置、模型控制、自定义功能、结果后处理等,极大地提高了工作效率。借助于 FISH 函数,用户可以编写自己实际需要的功能函数,相当于扩展了 UDEC 软件的应用功能。

3.2 数值模拟方案的选择及优化

3.2.1 数值模拟方案的影响因素选取

  煤巷层状顶板失稳的影响因素指标主要有围岩应力、顶板各层位厚度、顶板各层位的物理力学性质(弹性模量、泊松比、内聚力、内摩擦角、抗拉强度等)、巷道尺寸(顶板跨度)、岩层倾角、顶板锚固参数。

  对于煤巷层状顶板失稳的影响因素指标中具体数值的选取,如围岩应力指标在实际情况中,煤层不同的埋深对应的上覆岩层的垂直应力各不相同,即使垂直应力相同的情况下,由于侧压系数的不同,也会造成横向应力的不同。如果严格按照各种实际情况取值,那么围岩应力这一项指标就有千万种不同情况;顶板各层位厚度指标、顶板各层位的物理力学性质指标、巷道尺寸指标、岩层倾角指标、顶板锚固参数指标也都有千万种值。各指标组合起来情况更是呈指数级上升,会给数值模拟工作分类带来巨大的工作量。为了减小数值模拟的工作量,各指标基于煤矿常用和代表性各选取 5 种情况,具体选取情况见表 3 – 1。其中岩

表 3 – 1 各影响因素指标取值表

应力(根据不同埋深确定)侧压系数为 1.2/MPa	顶板各层位厚度	顶板层位的物理力学性质	巷道尺寸(宽×高)/(m×m)	岩层倾角/(°)	顶板锚固参数(锚固剂密实度)/%
10(埋深 400 m)	直接顶 1 m、基本顶 10 m	直接顶为页岩、基本顶为砂岩、软弱夹层为泥岩	3×3	0	100
12.5(埋深 500 m)	直接顶 2 m、基本顶 10 m	直接顶为页岩、基本顶为灰岩、软弱夹层为泥岩	4×3	15	80

表3-1（续）

应力（根据不同埋深确定）侧压系数为1.2/MPa	顶板各层位厚度	顶板层位的物理力学性质	巷道尺寸（宽×高）/（m×m）	岩层倾角/（°）	顶板锚固参数（锚固剂密实度）/%
15（埋深600 m）	直接顶4 m、基本顶10 m	直接顶为粉砂岩、基本顶为中砂岩、软弱夹层为泥岩	4×4	30	60
17.5（埋深700 m）	直接顶1 m、软弱夹层1 m、基本顶10 m	直接顶为粉砂岩、基本顶为灰岩、软弱夹层为泥岩	5×3	45	40
20（埋深800 m）	直接顶2 m、软弱夹层1 m、基本顶10 m	直接顶为粉砂岩、基本顶为灰岩、软弱夹层为页岩	5×4	0	20

层倾角这一指标中，取值应为0°、15°、30°、45°和60°，但是在实际生产条件中，岩层倾角为60°的情况较为少见，而近水平岩层情况较为常见，故用0°代替60°。

其中顶板各层位物理力学性质指标选取的石灰岩、中砂岩、粉砂岩、页岩、泥岩及煤的详细参数见表3-2。

表3-2 顶板各层位物理力学参数详细取值表

岩 层	弹性模量/GPa	泊松比	内聚力/MPa	内摩擦角/（°）	抗拉强度/MPa
泥岩	24.5	0.15~0.39	2.5	37	2.3
页岩	35.6	0.25	2.9~29.4	20~35	2.7~5.4
粉砂岩	36.3	0.2	6.8	46	1.3~2.4
中砂岩	36.7	0.12	7.8~39.2	35~50	6.0~14
石灰岩	26.3	0.16~0.27	3.4~39.2	35~50	7.7~13.8
煤	9.8~19.6	0.1~0.5	1.0~9.8	16~40	2.0~4.9

3.2.2 数值模拟方案

以煤巷层状顶板失稳的影响因素中各指标的选取为基础，利用国际先进的离散元数值模拟软件 UDEC，进行数值仿真模拟。在数值模拟中，需要将 6 个影响因素指标组合，即每种需要模拟的情况，都包含之前选取的煤巷层状顶板失稳影响因素中各个指标的一种情况，并且为了使每种指标的不同情况都在模拟中得以体现，因此，每个指标的每种情况都要满足两两相遇。依次计算，需要模拟的情况总数为围岩应力(5)×顶板各层位厚度(5)×顶板层位物理力学性质(5)×巷道尺寸(5)×岩层倾角(5)×锚固参数(5) = 5^6 = 15625。由上述计算可知，需要通过 UDEC 软件模拟的数值模拟方案共有 15625 种，工作量巨大，难以实现。

煤巷层状顶板失稳问题中考虑 1 个影响因素或 2 个影响因素对试验结果的显著性分析可以选用一元或二元极差分析，而此次数值模拟需考虑多个因素指标对煤巷层状顶板失稳的影响。综上两个问题，本次数值模拟将采用正交设计的方法对数值模拟方案进行优化并进行分析。

1. 正交设计实验原理

正交试验方案可通过选取适当的正交试验表来构造。既能满足各指标的不同选取情况在正交试验方案中两两相遇，又能极大减小模拟的工作量。同时，正交试验的结果分析主要是直观分析，即通过计算各因素不同水平的试验指标均值及各因素指标均值的极差，评定因素重要性顺序，找出每个因素的对模拟结果的影响因子水平，从而可以清晰明了地分析出煤巷层状顶板组合方案因素中各个指标对煤巷层状顶板失稳的影响级别，由此判断出顶板失稳的主要影响因素、次主要因素、次要因素等。

正交试验分析是根据给定需要考察的因素及各因素的水平，选择与之相适应的正交表 $L_n(r_1 \times r_2 \times \cdots \times r_m)$，其中，$L$ 为正交表；n 为正交表行数（即可安排 n 次试验），而 m 为该正交表列数（即试验最多可安排的因子数），且第 j 个因素有 r_j 个水平。

设 A，B，…表示不同的因素；r 为各因素的水平数；A_i 表示因素 A 的第 i 个水平($i = 1, 2, \cdots, r$)；X_{ij} 表示因素 j 的第 i 水平的值($i = 1, 2, \cdots, r; j = A, B, \cdots$)。在 X_{ij} 下进行试验得到因素 j 第 i 水平的试验结果指标 Y_{ij}，Y_{ij} 是服从正态分布的随机变量。在 X_{ij} 下进行 n 次试验可得到 n 个试验结果 $Y_{ijk}(k = 1, 2, \cdots, n)$。有关计算参数如下：

$$K_{ij} = \sum_{k=1}^{n} Y_{ijk} \qquad (3-1)$$

评价因素显著性的参数为极差 R_j，公式为

$$R_j = \max\{K_{1j}, K_{2j}, \cdots, K_{rj}\} - \min\{K_{1j}, K_{2j}, \cdots, K_{rj}\} \qquad (3-2)$$

极差越大，说明该因素的水平改变对试验结果影响越大，极差最大的因素也就是最主要的因素。极差越小的因素虽然不能说是不重要的因素，但至少可以肯

定当该因素在所选用的范围内变化时，对该指标影响不大。

2. 正交设计优化模拟方案

本次数值模拟根据煤巷层状顶板失稳影响因素中各个指标及各指标所选取的不同情况，确定使用 6 因素 5 水平的正交试验。对于 6 因素 5 水平的正交试验，最少试验次数为 25 次，记为 $L_{25}(5^6)$。表 3–3 是 25 个正交试验的指标详细组合情况。

表3–3　正交设计试验方案表

编号	应力（埋深）/MPa	顶板层位厚度	顶板层位物理力学性质	巷道尺寸/（m×m）	岩层倾角/（°）	锚固剂密实度/%
试验 1	10	直接顶 1 m	直页岩老砂岩夹层泥岩	3×3	0	100
试验 2	10	直接顶 2 m	直页岩老灰岩夹层泥岩	4×3	15	80
试验 3	10	直接顶 4 m	直粉砂岩老砂岩夹层泥岩	4×4	30	60
试验 4	10	直接顶 1 m 夹层 1 m	直粉砂岩老灰岩夹层泥岩	5×3	45	40
试验 5	10	直接顶 2 m 夹层 1 m	直粉砂岩老灰岩夹层页岩	5×4	0	20
试验 6	12.5	直接顶 1 m	直页岩老灰岩夹层泥岩	4×4	45	20
试验 7	12.5	直接顶 2 m	直粉砂岩老砂岩夹层泥岩	5×3	0	100
试验 8	12.5	直接顶 4 m	直粉砂岩老灰岩夹层泥岩	5×4	0	80
试验 9	12.5	直接顶 1 m 夹层 1 m	直粉砂岩老灰岩夹层页岩	3×3	15	60
试验 10	12.5	直接顶 2 m 夹层 1 m	直页岩老砂岩夹层泥岩	4×3	30	40
试验 11	15	直接顶 1 m	直粉砂岩老砂岩夹层泥岩	5×4	15	40

表 3-3（续）

编号	应力（埋深）/MPa	顶板层位厚度	顶板层位物理力学性质	巷道尺寸/（m×m）	岩层倾角/（°）	锚固剂密实度/%
试验 12	15	直接顶 2 m	直粉砂岩老灰岩夹层泥岩	3×3	30	20
试验 13	15	直接顶 4 m	直粉砂岩老灰岩夹层页岩	4×3	45	100
试验 14	15	直接顶 1 m 夹层 1 m	直页岩老砂岩夹层泥岩	4×4	0	80
试验 15	15	直接顶 2 m 夹层 1 m	直页岩老灰岩夹层泥岩	5×3	0	60
试验 16	17.5	直接顶 1 m	直粉砂岩老灰岩夹层泥岩	4×3	0	60
试验 17	17.5	直接顶 2 m	直粉砂岩老灰岩夹层页岩	4×4	0	40
试验 18	17.5	直接顶 4 m	直页岩老砂岩夹层泥岩	5×3	15	20
试验 19	17.5	直接顶 1 m 夹层 1 m	直页岩老灰岩夹层泥岩	5×4	30	100
试验 20	17.5	直接顶 2 m 夹层 1 m	直粉砂岩老砂岩夹层泥岩	3×3	45	80
试验 21	20	直接顶 1 m	直粉砂岩老灰岩夹层页岩	5×3	30	80
试验 22	20	直接顶 2 m	直页岩老砂岩夹层泥岩	5×4	45	60
试验 23	20	直接顶 4 m	直页岩老灰岩夹层泥岩	3×3	0	40
试验 24	20	直接顶 1 m 夹层 1 m	直粉砂岩老砂岩夹层泥岩	4×3	0	20
试验 25	20	直接顶 2 m 夹层 1 m	直粉砂岩老灰岩夹层泥岩	4×4	15	100

3.3　数值计算模型的建立

3.3.1　数值计算模型的尺寸

　　在静水压应力场中，巷道的应力影响区形状为半径等于 $6R$ 的圆（R 为巷道断面半径），在非静水压应力场中，巷道的应力影响区形状不再是圆形，一般为长轴不大于 $12R$ 的椭圆。因此，数值模拟模型沿水平方向取 36 m（图 3 − 1），沿垂直方向取 40 m（图 3 − 2）。巷道处于煤层中，位于整体模型的中部。在巷道

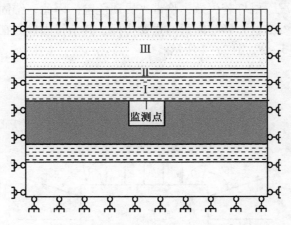

Ⅰ—直接顶；Ⅱ—软弱夹层；Ⅲ—基本顶

图 3 − 1　水平层状顶板模拟模型

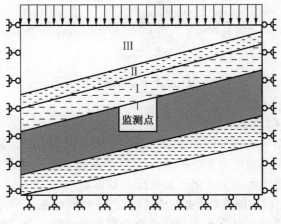

Ⅰ—直接顶；Ⅱ—软弱夹层；Ⅲ—基本顶

图 3 − 2　倾斜层状顶板模拟模型

顶板的中心点设置监测点，一个模型中设置 3 个监测点，3 个点竖向排列，间隔 1.5 m，最下方监测点位于顶板表面，最上方监测点位于其余两个点的正上方，最上方点处于锚固区外。目的是监测数值运算时巷道顶板的下沉量。

3.3.2 数值计算中锚固参数

锚固参数包括锚杆的直径、长度、间距、排距及锚固剂的密实度。除了锚固剂密实度之外的其他指标人为修正都很容易，可以根据实际支护效果更换不同直径长度的锚杆或增大缩小锚杆之间的间排距。锚固剂密实度很难检测，一旦出现密实度不高的情况，锚杆若失效，将带来冒顶危险。因此，锚固剂密实度作为此次数值模拟锚固参数这一影响因素的重要指标，其余锚固参数在数值模拟模型中的取值情况如图 3 – 3、图 3 – 4 所示。

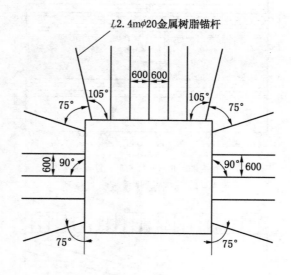

图 3 – 3　水平岩层巷道锚杆布置

3.3.3　数值计算模型边界条件

数值计算模型巷道周围的原岩应力场默认为自重应力场，模型顶部所承受的垂直应力根据前面围岩应力影响因素所选取的情况而定，考虑构造应力的影响，水平应力取为垂直应力的 1.2 倍，即侧压系数选取为 1.2。

UDEC 软件进行数值计算时的边界约束：整个模型左右两边在 x 方向约束位移，即模型左右两边不发生水平移动；整个模型底边在 y 方向约束位移，即模型底边不发生竖直方向移动，模型的顶部边界无约束。

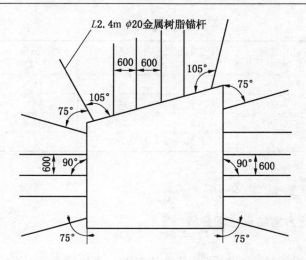

图3-4　倾斜岩层巷道锚杆布置

3.3.4　数值计算参数选取

本书采用 UDEC 软件进行数值模拟计算时，选取的材料模型为摩尔-库仑模型，对各层赋予材料参数时，需要岩体的体积模量、剪切模量、内聚力、内摩擦角及抗拉强度。

受节理、裂隙的影响，岩体与岩块力学性质之间存在比较大的差异。岩体的力学参数测试是一项难度大、较复杂、周期长、费用高的工作，此次模拟，根据《矿山压力与岩层控制》确定各层的物理力学参数，其中体积模量 K 和剪切模量 G 依据下列公式计算。

$$K = \frac{E}{3(1 - 2\mu)} \qquad (3-3)$$

$$G = \frac{E}{2(1 + \mu)} \qquad (3-4)$$

式中，E 为弹性模量；μ 为泊松比。计算后得煤巷层状顶板失稳数值模拟各岩层的参数（表3-4）。

表3-4　各岩层的数值模拟参数

岩　层	体积模量/GPa	剪切模量/GPa	内聚力/MPa	内摩擦角/(°)	抗拉强度/MPa
泥岩	2.88	2.37	2.5	37	2.3
页岩	3.28	2.08	5.5	28	2.86

表 3-4（续）

岩 层	体积模量/GPa	剪切模量/GPa	内聚力/MPa	内摩擦角/(°)	抗拉强度/MPa
粉砂岩	4.01	2.41	6.8	35	1.86
中砂岩	4.08	2.68	24.4	44	6.39
石灰岩	6.29	4.3	28.9	37	12.1
煤	1.5	1.2	7.4	23	2.47

3.4　数值计算结果分析

3.4.1　正交设计方案结果直观分析

1. 方案 1

各影响因素的取值情况为围岩应力 10 MPa、直接顶为 1 m 岩性为页岩、基本

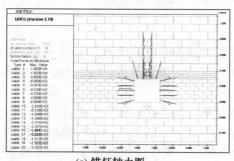

(a) 锚杆轴力图

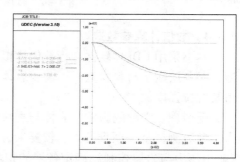

(b) 监测点位移曲线图

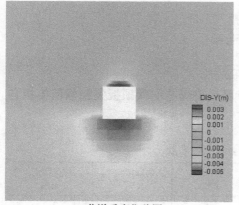

(c) 巷道垂直位移图

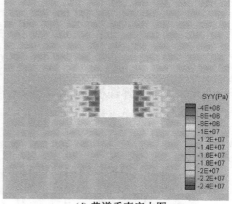

(d) 巷道垂直应力图

图 3-5　方案 1 数值模拟结果图

顶为 10 m 岩性为中砂岩无软弱岩层、岩层倾角为 0°、巷道尺寸为 3 m×3 m、锚固剂密实度为 100% 密实。数值模拟结果如图 3-5 所示。

从图 3-5 中可知，巷道开挖后，围岩应力达到平衡时，锚杆完好，巷道顶板中心点（监测点 1）的位移为 6 mm，两帮移近量大约为 2 cm。水平应力在巷道顶板上方 1~3 m 处出现应力集中，达到 18 MPa，垂直应力主要集中在两帮与顶板相交的巷道顶角处，达到 24 MPa。总体来说，巷道表面变形量很小，锚杆支护效果理想。

2. 方案 2

各影响因素的取值情况为围岩应力 10 MPa、直接顶为 2 m 岩性为页岩、基本顶为 10 m 岩性为石灰岩无软弱岩层、岩层倾角为 15°、巷道尺寸为 4 m×3 m、锚固剂密实度为 80% 密实。数值模拟结果如图 3-6 所示。

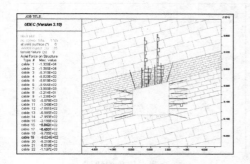

(a) 锚杆轴力图

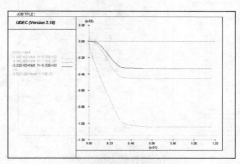

(b) 监测点位移曲线图

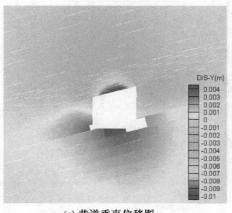

(c) 巷道垂直位移图

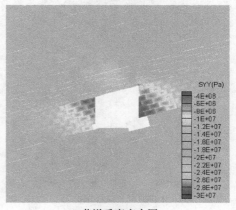

(d) 巷道垂直应力图

图 3-6　方案 2 数值模拟结果图

从图 3–6 中可知，巷道开挖后经过数值计算，围岩应力达到平衡时，锚杆完好，顶板 5 根锚杆中靠右的 3 根锚杆轴力相对较大。巷道顶板中心点（监测点 1）的位移约为 11 mm，两帮移近量约为 24 mm。水平应力在巷道中心点靠右约 2 m 位置的顶板上方 1～3 m 处出现应力集中，最大值达到 20 MPa，垂直应力主要集中在巷道右帮与顶板相交的巷道顶角处，最大值达到 30 MPa。总体来说，巷道表面变形量不大，锚杆支护效果理想。

3. 方案 3

各影响因素的取值情况为围岩应力 10 MPa、直接顶为 4 m 岩性为粉砂岩、基本顶为 10 m 岩性为中砂岩无软弱岩层、岩层倾角为 30°、巷道尺寸为 4 m×4 m、锚固剂密实度为 60% 密实。数值模拟结果如图 3–7 所示。

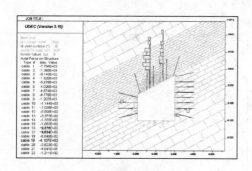

(a) 锚杆轴力图

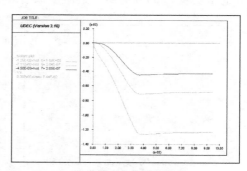

(b) 监测点位移曲线图

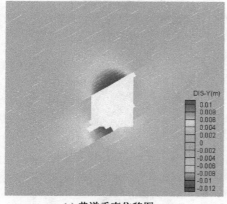

(c) 巷道垂直位移图

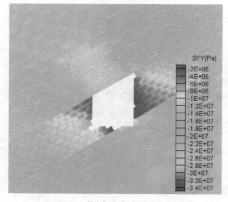

(d) 巷道垂直应力图

图 3–7　方案 3 数值模拟结果图

从图3-7中可知，巷道开挖后经过数值计算，围岩应力达到平衡时。锚杆完好，但顶板锚杆所受轴力不大，主要是锚固剂不够密实所致。巷道顶板中心点（监测点1）的位移约为13 mm，两帮移近量约为34 mm。水平应力在巷道中心点靠右约2 m位置的顶板上方0~3 m处出现应力集中，最大值达到24 MPa，垂直应力主要集中在巷道右帮与顶板相交的巷道顶角处，最大值达到34 MPa。总体来说，巷道表面变形量不大，锚杆支护效果较为理想。

4. 方案4

各影响因素的取值情况为围岩应力10 MPa、直接顶为1 m岩性为粉砂岩、基本顶为10 m岩性为石灰岩、软弱岩层为1 m岩性为泥岩、岩层倾角为45°、巷道尺寸为5 m×3 m、锚固剂密实度为40%密实。数值模拟结果如图3-8所示。

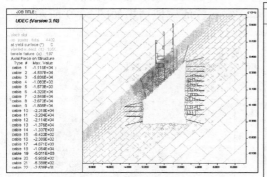

(a) 锚杆轴力图

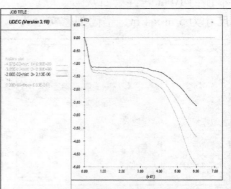

(b) 监测点位移曲线图

(c) 巷道垂直位移图

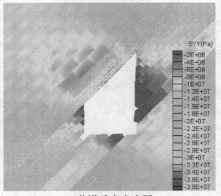

(d) 巷道垂直应力图

图3-8 方案4数值模拟结果图

从图 3-8 中可知，巷道开挖后经过数值计算，围岩应力达到平衡时，锚杆完好，但顶板锚杆所受轴力不大，主要是锚固剂不够密实所致，巷道右帮锚杆轴力明显偏大。巷道顶板位于直接顶和软弱夹层处出现大面积塑性区，直接顶主要显现为拉伸破坏。巷道顶板中心点（监测点 1）的位移约为 8 mm，两帮移近量大约为 32 mm，巷道右帮位移达到约 28 mm。水平应力在巷道中心点靠右约 2.5 m位置的顶板上方 0~2 m 处出现应力集中，最大值达到 32 MPa，垂直应力主要集中在巷道右帮与顶板相交的巷道顶角处，最大值达到 38 MPa。总体来说，巷道表面变形量不大，但顶板锚杆支护效果不理想。

5. 方案 5

各影响因素的取值情况为围岩应力 10 MPa、直接顶为 2 m 岩性为粉砂岩、基本顶为 10 m 岩性为石灰岩、软弱岩层为 1 m 岩性为页岩、岩层倾角为 0°、巷道尺寸为 5 m×4 m、锚固剂密实度为 20% 密实。数值模拟结果如图 3-9 所示。

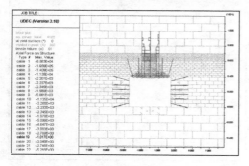

(a) 锚杆轴力图

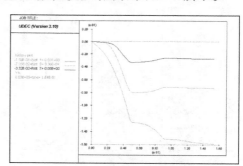

(b) 监测点位移曲线图

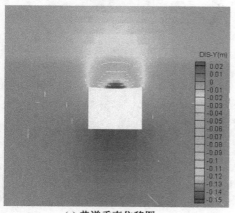

(c) 巷道垂直位移图

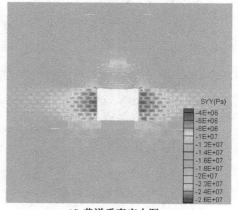

(d) 巷道垂直应力图

图 3-9　方案 5 数值模拟结果图

从图 3-9 中可知，巷道开挖后经过数值计算，围岩应力达到平衡时。锚杆完好，但顶板锚杆所受轴力不大，主要是锚固剂不够密实导致。巷道顶板位于直接顶和软弱夹层处出现大面积塑性区，直接顶下部位于巷道顶板表面主要显现为拉伸破坏。巷道顶板中心点（监测点 1）的位移约为 150 mm，两帮移近量大约为 90 mm。水平应力在巷道中心点顶板上方 0～3 m 处出现应力集中，最大值达到 20 MPa，垂直应力主要集中在巷道两帮与顶板相交的巷道顶角和巷道两帮与底板相交的巷道底角处，最大值达到 26 MPa。总体来说，巷道顶板出现一定变形，主要是因为顶板锚杆支护效果较差。

6. 方案 6

各影响因素的取值情况为围岩应力 12.5 MPa、直接顶 1 m 岩性为页岩、基本顶为 10 m 岩性为石灰岩无软弱岩层，岩层倾角为 45°、巷道尺寸为 4 m×4 m、锚固剂密实度为 20% 密实。数值模拟结果如图 3-10 所示。

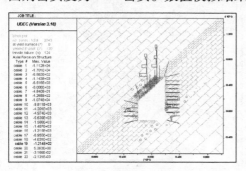
(a) 锚杆轴力图

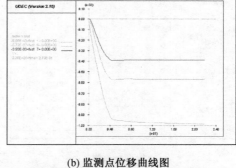
(b) 监测点位移曲线图

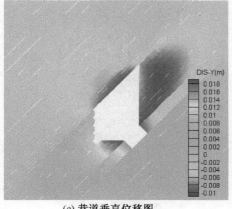
(c) 巷道垂直位移图

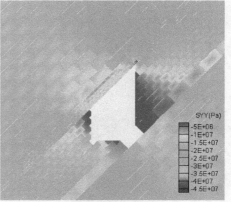
(d) 巷道垂直应力图

图 3-10 方案 6 数值模拟结果图

从图 3 - 10 中可知，巷道开挖后经过数值计算，围岩应力达到平衡时。锚杆完好，但顶板锚杆所受轴力不大，主要是锚固剂不够密实所致。巷道顶板位于直接顶处出现大面积塑性区，主要显现为拉伸破坏。巷道顶板中心点（监测点 1）的位移约为 10 mm，两帮移近量约为 45 mm，右帮位移略大于左帮。水平应力在巷道中心点左边 1～2 m 区域的顶板上方出现应力降低，中心点右边 2 m 顶板上方 0～2 m 处出现应力集中，最大值达到 35 MPa，垂直应力主要集中在巷道右帮与顶板相交的巷道右顶角处，最大值达到 45 MPa。总体来说，巷道顶板变形量不大，但顶板锚杆支护效果较差。

7. 方案 7

各影响因素的取值情况为围岩应力 12.5 MPa、直接顶为 2 m 岩性为粉砂岩、基本顶为 10 m 岩性为中砂岩无软弱岩层，岩层倾角为 0°、巷道尺寸为 5 m×3 m、锚固剂密实度为 100% 密实。数值模拟结果如图 3 - 11 所示。

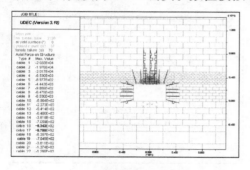

(a) 锚杆轴力图

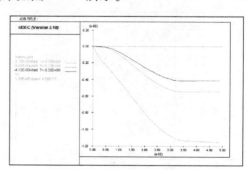

(b) 监测点位移曲线图

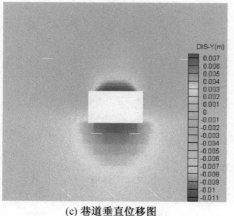

(c) 巷道垂直位移图

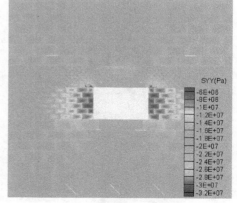

(d) 巷道垂直应力图

图 3 - 11 方案 7 数值模拟结果图

从图 3-11 中可知，巷道开挖后经过数值计算，围岩应力达到平衡时，锚杆基本完好，顶板锚杆承受一定的轴力。巷道顶板位于直接顶处出现呈三角形的塑性区，直接顶下部位于巷道顶板表面主要显现为拉伸破坏。巷道顶板中心点（监测点 1）的位移约为 11 mm，两帮移近量约为 28 mm。水平应力在巷道中心点顶板上方 0~2 m 处出现应力集中，最大值达到 22 MPa，垂直应力主要集中在巷道两帮与顶板相交的巷道顶角处，最大值达到 32 MPa。总体来说，巷道顶板变形量不大，顶板锚杆锚固质量较为理想。

8. 方案 8

各影响因素的取值情况为围岩应力 12.5 MPa、直接顶为 4 m 岩性为粉砂岩、基本顶为 10 m 岩性为石灰岩无软弱岩层，岩层倾角为 0°、锚固剂密实度为 80% 密实、巷道尺寸为 5 m×4 m。数值模拟结果如图 3-12 所示。

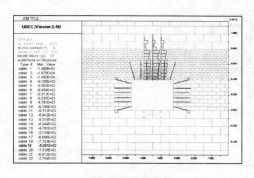

(a) 锚杆轴力图

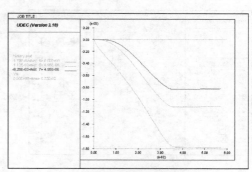

(b) 监测点位移曲线图

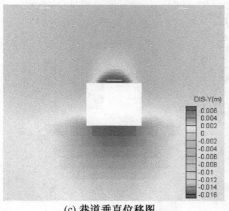

(c) 巷道垂直位移图

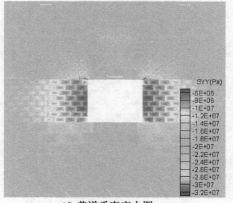

(d) 巷道垂直应力图

图 3-12　方案 8 数值模拟结果图

从图 3-12 中可知，巷道开挖后经过数值计算，围岩应力达到平衡时，锚杆基本完好，顶板锚杆承受一定的轴力。巷道顶板位于直接顶处出现呈三角形的塑性区，直接顶下部位于巷道顶板表面主要显现为拉伸破坏。巷道顶板中心点（监测点 1）的位移约为 16 mm，两帮移近量约为 36 mm。水平应力在巷道中心点顶板上方 0~2 m 处出现应力集中，最大值达 24 MPa，垂直应力主要集中在巷道两帮与顶板相交的巷道顶角处，最大值达到 32 MPa。总体来说，巷道顶板变形量不大，顶板锚杆锚固质量较为理想。

9. 方案 9

各影响因素的取值情况为围岩应力 12.5 MPa、直接顶为 1 m 岩性为粉砂岩、基本顶为 10 m 岩性为石灰岩、软弱岩层为 1 m 岩性为页岩，岩层倾角为 15°、巷道尺寸为 3 m×3 m、锚固剂密实度为 60% 密实。数值模拟结果如图 3-13 所示。

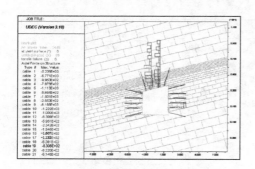

(a) 锚杆轴力图

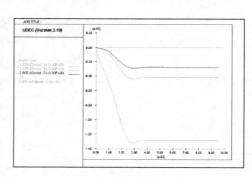

(b) 监测点位移曲线图

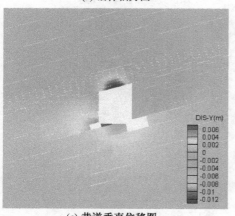

(c) 巷道垂直位移图

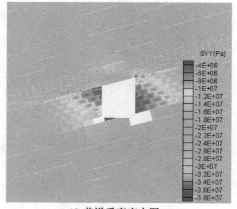

(d) 巷道垂直应力图

图 3-13　方案 9 数值模拟结果图

从图 3-13 中可知，巷道开挖后经过数值计算，围岩应力达到平衡时，锚杆基本完好，顶板锚杆承受一定轴力。巷道顶板位于直接顶处出现一部分塑性区。巷道顶板中心点（监测点 1）的位移约为 12 mm，两帮移近量约为 32 mm。水平应力中心点右边 1.5 m 顶板上方 0~2 m 处出现应力集中，最大值达到 30 MPa，垂直应力主要集中在巷道右帮与顶板相交的巷道右顶角处，最大值达到 38 MPa。总体来说，巷道顶板变形量不大，顶板锚杆支护效果一般。

10. 方案 10

各影响因素的取值情况为围岩应力 12.5 MPa、直接顶为 2 m 岩性为页岩、基本顶为 10 m 岩性为石灰岩、软弱岩层为 1 m 岩性为泥岩，岩层倾角为 30°、巷道尺寸为 4 m×3 m、锚固剂密实度为 40% 密实。数值模拟结果如图 3-14 所示。

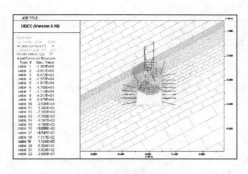

(a) 锚杆轴力图

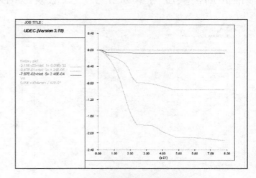

(b) 监测点位移曲线图

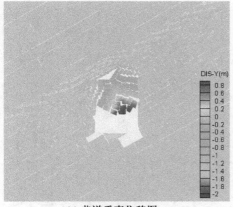

(c) 巷道垂直位移图

(d) 巷道垂直应力图

图 3-14 方案 10 数值模拟结果图

从图 3 - 14 中可知，巷道开挖后经过数值计算，围岩应力达到平衡时，顶板锚杆全部破断。巷道顶板位于直接顶和软弱夹层处出现大面积塑性区，直接顶与软弱夹层出现明显离层。巷道顶板中心点（监测点 1）的位移约为 2300 mm，两帮移近量约为 600 mm。水平应力中心点右边 2 m 顶板上方 2 m 处出现应力集中，最大值达到 2 MPa。垂直应力主要集中在巷道右帮与顶板相交的巷道右顶角上方 2 m 处，最大值达到 30 MPa。总体来说，巷道变形量巨大，顶板直接顶垮落，顶板锚杆支护失效。

11. 方案 11

各影响因素的取值情况为围岩应力 15 MPa、直接顶为 1 m 岩性为粉砂岩、基本顶为 10 m 岩性为中砂岩无软弱岩层，岩层倾角为 15°、巷道尺寸为 5 m × 4 m、锚固剂密实度为 40% 密实。数值模拟结果如图 3 - 15 所示。

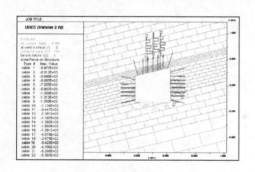

(a) 锚杆轴力图

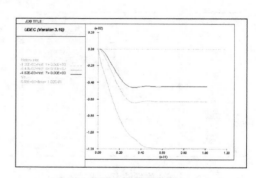

(b) 监测点位移曲线图

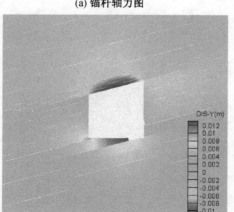

(c) 巷道垂直位移图

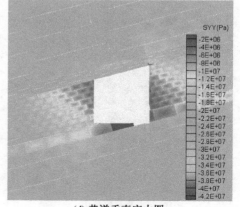

(d) 巷道垂直应力图

图 3 - 15　方案 11 数值模拟结果图

从图 3 – 15 中可知，巷道开挖后经过数值计算，围岩应力达到平衡时。顶板锚杆基本完好。巷道顶板位于直接顶处出现塑性区。巷道顶板中心点（监测点1）的位移约为 12 mm，两帮移近量约为 50 mm。水平应力中心点右边 2.5 m 顶板上方 0 ~ 2 m 处出现应力集中，最大值达到 28 MPa，垂直应力主要集中在巷道右帮与顶板相交的巷道右顶角上方，最大值达到 42 MPa。总体来说，巷道变形量不大，但顶板锚杆支护效果微小。

12. 方案 12

各影响因素的取值情况为围岩应力 15 MPa、直接顶为 2 m 岩性为粉砂岩、基本顶为 10 m 岩性为石灰岩无软弱岩层、岩层倾角为 30°、巷道尺寸为 3 m×3 m、锚固剂密实度为 20% 密实。数值模拟结果如图 3 – 16 所示。

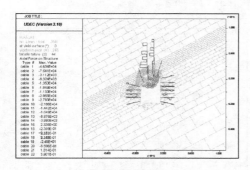

(a) 锚杆轴力图

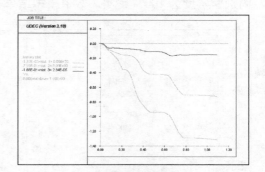

(b) 监测点位移曲线图

(c) 巷道垂直位移图

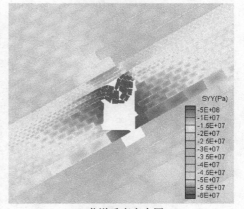

(d) 巷道垂直应力图

图 3 – 16　方案 12 数值模拟结果图

从图 3 – 16 中可知，巷道开挖后经过数值计算，围岩应力达到平衡时。顶板锚杆全部失效。巷道顶板位于直接顶处出现大面积塑性区，直接顶层内部发生离层，下部整体垮落。巷道顶板中心点（监测点 1）的位移约为 1350 mm，两帮移近量约为 150 mm。水平应力中心点右边 1.5 m 顶板上方 1 m 处出现应力集中，最大值达到 35 MPa，垂直应力主要集中在巷道右帮与顶板相交的巷道右顶角上方 1 m 处，最大值达到 60 MPa。总体来说，巷道变形量巨大，顶板直接顶垮落，顶板锚杆支护失效。

13. 方案 13

各影响因素的取值情况为围岩应力 15 MPa、直接顶为 4 m 岩性为粉砂岩、老顶为 10 m 岩性为石灰岩无软弱岩层，岩层倾角为 45°、巷道尺寸为 4 m × 3 m、锚固剂密实度为 100% 密实。数值模拟结果如图 3 – 17 所示。

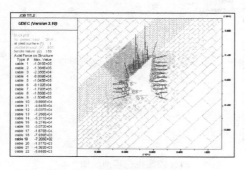

(a) 锚杆轴力图

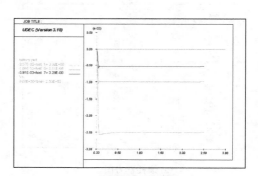

(b) 监测点位移曲线图

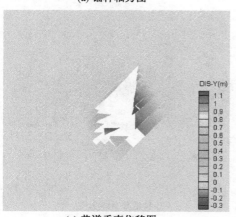

(c) 巷道垂直位移图

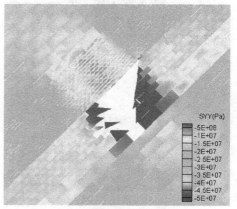

(d) 巷道垂直应力图

图 3 – 17　方案 13 数值模拟结果图

从图 3-17 中可知，巷道开挖后经过数值计算，围岩应力达到平衡时。顶板锚杆除了左端一根轴力较小，其余轴力均较大。巷道顶板位于直接顶处出现大面积塑性区，但直接顶层内部没有产生明显离层。巷道顶板中心点（监测点 1）的位移约为 25 mm，两帮移近量约为 1500 mm。水平应力中心点右边 1.5 m 顶板上方出现应力集中，最大值达到 30 MPa，垂直应力主要集中在巷道右帮与顶板相交的巷道右顶角上方，最大值达到 50 MPa。总体来说，巷道顶板变形量不大，顶板锚杆支护较好。

14. 方案 14

各影响因素的取值情况为围岩应力 15 MPa、直接顶为 1 m 岩性为页岩、基本顶为 10 m 岩性为中砂岩、软弱岩层为 1 m 岩性为泥岩，岩层倾角为 0°、巷道尺寸为 4 m×4 m、锚固剂密实度为 80% 密实。数值模拟结果如图 3-18 所示。

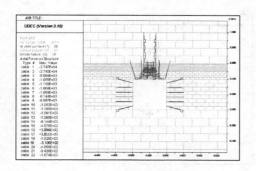

(a) 锚杆轴力图

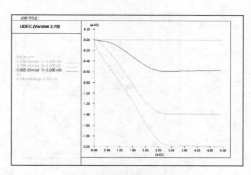

(b) 监测点位移曲线图

(c) 巷道垂直位移图

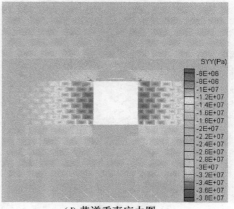

(d) 巷道垂直应力图

图 3-18　方案 14 数值模拟结果图

从图 3-18 中可知，巷道开挖后经过数值计算，围岩应力达到平衡时。锚杆基本完好，顶板锚杆承受一定的轴力。巷道顶板位于直接顶和软弱夹层处出现塑性区，直接顶和软弱夹层间部分岩体产生屈服破坏，直接顶下部位于巷道顶板表面主要显现为拉伸破坏。巷道顶板中心点（监测点 1）的位移约为 20 mm，两帮移近量约为 40 mm。水平应力在巷道中心点顶板上方 0~2 m 处出现应力集中，最大值达到 20 MPa，垂直应力主要集中在巷道两帮与顶板相交的巷道顶角处，最大值达到 38 MPa。总体来说，巷道顶板变形量不大，顶板锚杆锚固质量较为理想。

15. 方案 15

各影响因素的取值情况为围岩应力 15 MPa、直接顶为 2 m 岩性为页岩、基本顶为 10 m 岩性为石灰岩、软弱岩层为 1 m 岩性为泥岩，岩层倾角为 0°、巷道尺寸为 5 m×3 m、锚固剂密实度为 60% 密实。数值模拟结果如图 3-19 所示。

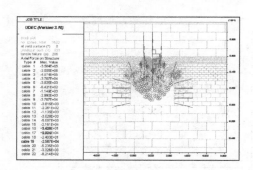

(a) 锚杆轴力图

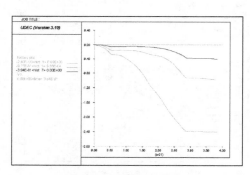

(b) 监测点位移曲线图

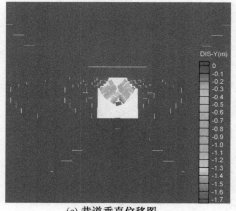

(c) 巷道垂直位移图

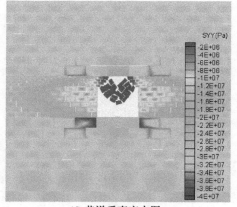

(d) 巷道垂直应力图

图 3-19　方案 15 数值模拟结果图

从图 3 – 19 中可知，巷道开挖后经过数值计算，围岩应力达到平衡时。顶板锚杆全部失效。巷道顶板位于直接顶和软弱夹层处出现大面积塑性区，直接顶层、软弱夹层、基本顶间都出现明显离层，顶板整体垮落。巷道顶板中心点（监测点 1）的位移约为 2400 mm，两帮移近量约为 200 mm。水平应力中心点顶板上方 2 ~ 6 m 处出现应力集，最大值达到 20 MPa，垂直应力主要集中在巷道两帮与顶板相交的巷道顶角上方 1 ~ 4 m 处，最大值达到 40 MPa。总体来说，巷道变形量巨大，顶板直接顶垮落，顶板锚杆支护失效。

16. 方案 16

各影响因素的取值情况为围岩应力 17.5 MPa、直接顶为 1 m 岩性为粉砂岩、基本顶为 10 m 岩性为石灰岩无软弱岩层，岩层倾角为 0°、锚固剂密实度为 60% 密实、巷道尺寸为 4 m × 3 m。数值模拟结果如图 3 – 20 所示。

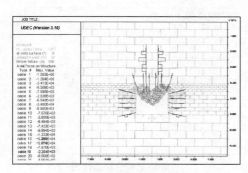

(a) 锚杆轴力图

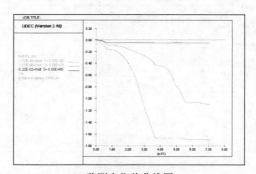

(b) 监测点位移曲线图

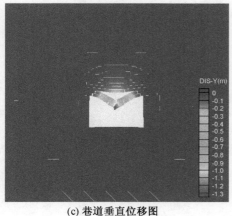

(c) 巷道垂直位移图

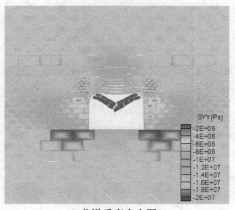

(d) 巷道垂直应力图

图 3 – 20 方案 16 数值模拟结果图

从图 3 - 20 中可知，巷道开挖后经过数值计算，围岩应力达到平衡时。顶板锚杆全部失效。巷道顶板位于直接顶出现大面积塑性区，直接顶层与基本顶间出现明显离层，直接顶整体垮落。巷道顶板中心点（监测点 1）的位移约为 1750 mm，两帮移近量约为 100 mm。水平应力中心点顶板上方 1 ~ 4 m 处出现应力集中，最大值达到 16 MPa，垂直应力主要集中在巷道两帮与顶板相交的巷道顶角上方 1 ~ 4 m 处，最大值达到 20 MPa。总体来说，巷道变形量较大，顶板直接顶垮落，顶板锚杆支护失效。

17. 方案 17

各影响因素的取值情况为围岩应力 17.5 MPa、直接顶为 2 m 岩性为粉砂岩、基本顶为 10 m 岩性为石灰岩无软弱岩层，岩层倾角为 0°、巷道尺寸为 4 m × 4 m、锚固剂密实度为 40% 密实。数值模拟结果如图 3 - 21 所示。

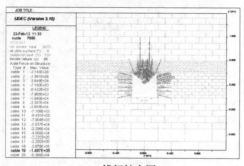

(a) 锚杆轴力图

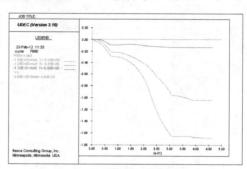

(b) 监测点位移曲线图

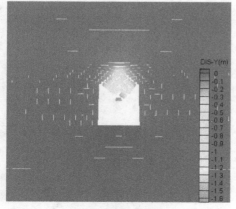

(c) 巷道垂直位移图

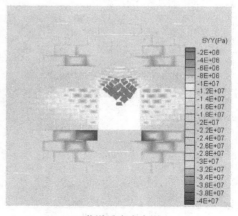

(d) 巷道垂直应力图

图 3 - 21　方案 17 数值模拟结果图

从图 3 – 21 中可知，巷道开挖后经过数值计算，围岩应力达到平衡时。顶板锚杆全部失效。巷道顶板位于直接顶出现大面积塑性区，直接顶内部出现明显离层，直接顶下部整体垮落。巷道顶板中心点（监测点 1）的位移约为 1700 mm，两帮移近量约为 300 mm。水平应力中心点顶板上方 2 ~ 6 m 处出现应力集中，最大值达到 12 MPa，垂直应力主要集中在巷道两帮与顶板相交的巷道顶角上方 2 ~ 4 m 处，最大值达到 20 MPa。总体来说，巷道变形量很大，顶板直接顶垮落，顶板锚杆支护失效。

18. 方案 18

各影响因素的取值情况为围岩应力 17.5 MPa、直接顶为 4 m 岩性为页岩、基本顶为 10 m 岩性为中砂岩无软弱岩层，岩层倾角为 15°、巷道尺寸为 5 m × 3 m、锚固剂密实度为 20% 密实。数值模拟结果如图 3 – 22 所示。

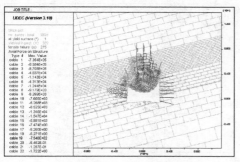

(a) 锚杆轴力图

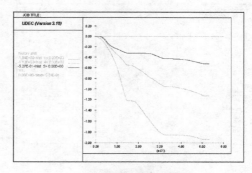

(b) 监测点位移曲线图

(c) 巷道垂直位移图

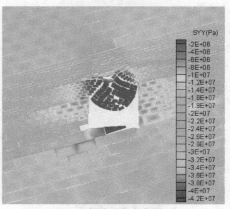

(d) 巷道垂直应力图

图 3 – 22　方案 18 数值模拟结果图

从图 3 - 22 中可知,巷道开挖后经过数值计算,围岩应力达到平衡时。顶板锚杆全部失效。巷道顶板位于直接顶处出现大面积塑性区,直接顶层内部发生离层,下部整体垮落。巷道顶板中心点(监测点 1)的位移约为 1950 mm,两帮移近量约为 350 mm。水平应力中心点右边 2.5 m 顶板上方 4 m 处出现应力集中,最大值达到 30 MPa,垂直应力主要集中在巷道右帮与顶板相交的巷道右顶角上方 4 m 处,最大值达到 42 MPa。总体来说,巷道变形量巨大,顶板直接顶垮落,顶板锚杆支护失效。

19. 方案 19

各影响因素的取值情况为围岩应力 17.5 MPa、直接顶为 1 m 岩性为页岩、基本顶为 10 m 岩性为石灰岩、软弱岩层为 1 m 岩性为泥岩,岩层倾角为 30°、巷道尺寸为 5 m × 4 m、锚固剂密实度为 100% 密实。数值模拟结果如图 3 - 23 所示。

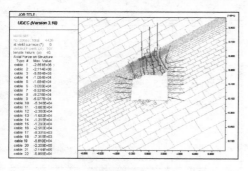

(a) 锚杆轴力图

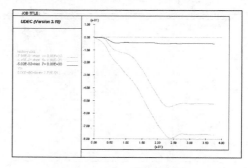

(b) 监测点位移曲线图

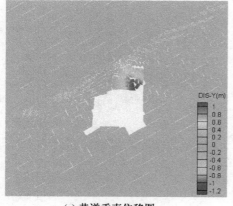

(c) 巷道垂直位移图

(d) 巷道垂直应力图

图 3 - 23　方案 19 数值模拟结果图

从图 3-23 中可知，巷道开挖后经过数值计算，围岩应力达到平衡时。顶板锚杆靠左边两根轴力较大，还具有锚固效果，其余全部失效。巷道顶板位于直接顶和软弱夹层处出现大面积塑性区，直接顶层与软弱夹层在顶板中心点右边 0.5~2 m 处上方发生离层，下部部分冒落。巷道顶板中心点（监测点 1）的位移约为 800 mm，两帮移近量约为 400 mm。水平应力无明显应力集中，垂直应力主要集中在巷道右帮与顶板相交的巷道右顶角上方 4 m 处，最大值达到 40 MPa。总体来说，巷道顶板右部变形量较大，顶板直接顶部分冒落，顶板部分锚杆支护失效。

20. 方案 20

各影响因素取值情况为围岩应力 17.5 MPa、直接顶 2 m 岩性为粉砂岩、基本顶 10 m 岩性为中砂岩、软弱岩层 1 m 岩性为泥岩，岩层倾角为 45°、巷道尺寸为 3 m×3 m、锚固剂密实度为 80% 密实。数值模拟结果如图 3-24 所示。

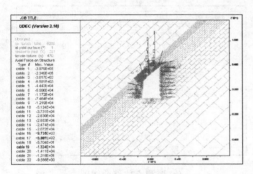

(a) 锚杆轴力图

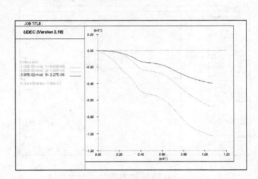

(b) 监测点位移曲线图

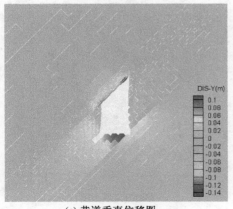

(c) 巷道垂直位移图

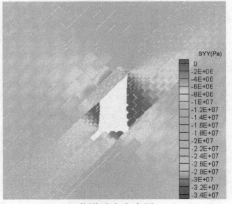

(d) 巷道垂直应力图

图 3-24 方案 20 数值模拟结果图

从图 3－24 中可知，巷道开挖后经过数值计算，围岩应力达到平衡时。顶板锚杆轴力较大。巷道顶板位于直接顶和软弱夹层处出现大面积塑性区，主要以拉伸破坏为主。巷道两帮深部 1 m 范围内也出现大范围拉伸破坏区，右帮尤为明显。巷道顶板中心点（监测点 1）的位移约为 140 mm，两帮移近量约为 400 mm。水平应力和垂直应力均无明显应力集中。总体来说，巷道顶板变形量较小，顶板锚杆支护效果良好。

21. 方案 21

各影响因素的取值情况为围岩应力 20 MPa、直接顶为 1 m 岩性为粉砂岩、基本顶为 10 m 岩性为石灰岩无软弱岩层，岩层倾角为 30°、巷道尺寸为 5 m × 3 m、锚固剂密实度为 80% 密实。数值模拟结果如图 3－25 所示。

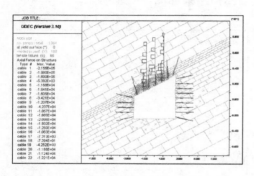

(a) 锚杆轴力图

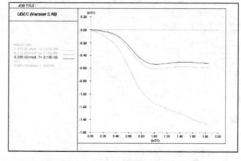

(b) 监测点位移曲线图

(c) 巷道垂直位移图

(d) 巷道垂直应力图

图 3－25　方案 21 数值模拟结果图

从图3-25中可知，巷道开挖后经过数值计算，围岩应力达到平衡时。顶板锚杆轴力较大。巷道顶板位于直接顶部分塑性区。巷道两帮深部1 m范围内也出现小范围塑性区。巷道顶板中心点（监测点1）的位移约为150 mm，两帮移近量约为200 mm。水平应力和垂直应力均在巷道右帮与顶板相交的右顶角上方1~3 m范围内出现应力集中，最大值分别为22 MPa和26 MPa。总体来说，巷道顶板变形量较小，顶板锚杆支护效果良好。

22. 方案22

各影响因素的取值情况为围岩应力20 MPa、直接顶为2 m岩性为页岩、基本顶为10 m岩性为中砂岩无软弱岩层，岩层倾角为45°、巷道尺寸为5 m×4 m、锚固剂密实度为60%密实。数值模拟结果如图3-26所示。

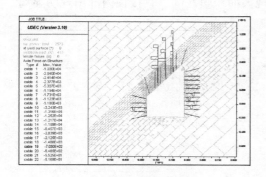

(a) 锚杆轴力图

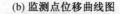

(b) 监测点位移曲线图

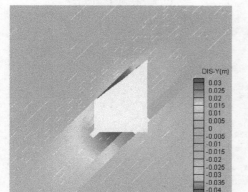

(c) 巷道垂直位移图

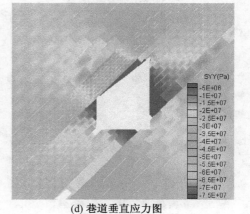

(d) 巷道垂直应力图

图3-26　方案22数值模拟结果图

从图 3－26 中可知，巷道开挖后经过数值计算，围岩应力达到平衡时。顶板锚杆轴力较大。巷道顶板位于直接顶处出现大面积塑性区。巷道两帮深部 1 m 范围内也出现部分塑性区，右帮尤为明显。巷道顶板中心点（监测点 1）的位移约为 45 mm，两帮移近量约为 10 mm。水平应力和垂直应力均无明显应力集中。总体来说，巷道顶板变形量不大，顶板锚杆支护效果良好。

23. 方案 23

各影响因素的取值情况为围岩应力 20 MPa、直接顶为 4 m 岩性为页岩、基本顶为 10 m 岩性为石灰岩无软弱岩层，岩层倾角为 0°、巷道尺寸为 3 m×3 m、锚固剂密实度为 40% 密实。数值模拟结果如图 3－27 所示。

从图 3－27 中可知，巷道开挖后经过数值计算，围岩应力达到平衡时。顶板锚杆全部失效。巷道顶板位于直接顶出现大面积塑性区，直接顶内部出现明显离

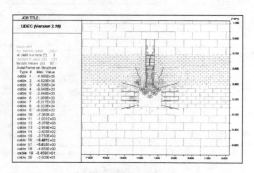

(a) 锚杆轴力图

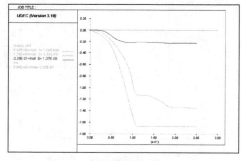

(b) 监测点位移曲线图

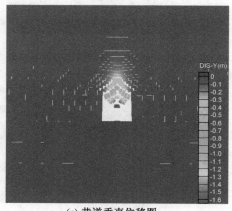

(c) 巷道垂直位移图

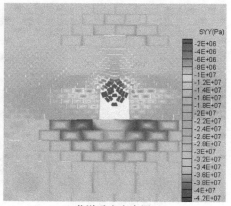

(d) 巷道垂直应力图

图 3－27　方案 23 数值模拟结果图

层，直接顶下部整体垮落。巷道顶板中心点（监测点1）的位移约为1700 mm，两帮移近量约为200 mm。水平应力中心点顶板上方2～6 m处出现应力集中，最大值达到30 MPa，垂直应力主要集中在巷道两帮与顶板相交的巷道顶角上方2～4 m处，最大值达到42 MPa。总体来说，巷道变形量很大，顶板直接顶垮落，顶板锚杆支护失效。

24. 方案24

各影响因素的取值情况为围岩应力20 MPa、直接顶为1 m岩性为粉砂岩、基本顶为10 m岩性为中砂岩、软弱岩层为1 m岩性为泥岩，岩层倾角为0°、巷道尺寸为4 m×3 m、锚固剂密实度为20%密实。数值模拟结果如图3-28所示。

从图3-28中可知，巷道开挖后经过数值计算，围岩应力达到平衡时，顶板

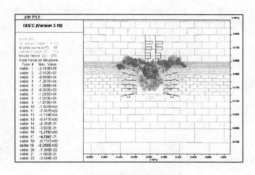

(a) 锚杆轴力图

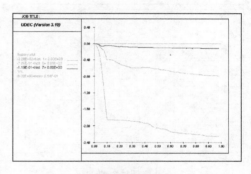

(b) 监测点位移曲线图

(c) 巷道垂直位移图

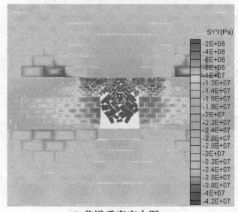

(d) 巷道垂直应力图

图3-28　方案24数值模拟结果图

锚杆全部失效。巷道顶板位于直接顶和软弱夹层出现大面积塑性区，直接顶与软弱夹层出现明显离层，顶板整体垮落。巷道顶板中心点（监测点1）的位移约为2380 mm，两帮移近量约为600 mm。水平应力中心点顶板上方5～8 m处出现应力集中，最大值达到28 MPa，垂直应力主要集中在巷道两帮与顶板相交的巷道顶角上方2～4 m处，最大值达到42 MPa。总体来说，巷道变形量巨大，顶板整体垮落，顶板锚杆支护失效。

25. 方案25

各影响因素的取值情况为围岩应力20 MPa、直接顶为2 m岩性为粉砂岩、基本顶为10 m岩性为石灰岩、软弱岩层为1 m岩性为泥岩，岩层倾角为15°、巷道尺寸为4 m×4 m、锚固剂密实度为100%密实。数值模拟结果如图3-29所示。

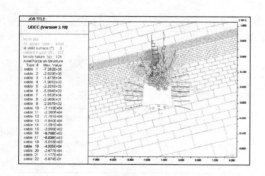

(a) 锚杆轴力图　　　　　　　　　　(b) 监测点位移曲线图

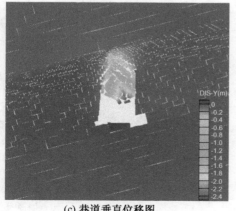

(c) 巷道垂直位移图　　　　　　　　(d) 巷道垂直应力图

图3-29　方案25数值模拟结果图

从图 3 - 29 中可知，巷道开挖后经过数值计算，围岩应力达到平衡时。顶板锚杆全部失效。巷道顶板位于直接顶与软弱夹层处出现大面积塑性区，直接顶层与软弱夹层明显发生离层，下部整体垮落。巷道顶板中心点（监测点 1）的位移约为 2350 mm，两帮移近量约为 700 mm。水平应力和垂直应力均无明显应力集中。总体来说，巷道变形量巨大，顶板整体垮落，顶板锚杆支护失效。

3.4.2　煤巷层状顶板锚固体失稳影响因素敏感性分析

将正交设计出的 25 种数值模拟方案结果，利用正交试验中极差分析的方法对数值模拟结果进行敏感性分析，结果见表 3 - 5。

表 3 - 5　数值模拟结果极差分析表

因　素	围岩应力	顶板厚度	顶板岩性	巷道尺寸	岩层倾角	锚固剂密实度
均值 1	46.2	46.6	45.4	72.6	144.0	68.0
均值 2	58.0	70.8	119.8	68.0	85.4	29.4
均值 3	85.8	77.2	69.8	131.6	37.8	67.4
均值 4	69.4	82.0	93.2	79.8	44.2	85.4
均值 5	154.4	137.2	85.6	61.8	102.4	163.6
极差	108.2	90.6	74.4	69.8	106.2	134.2
敏感性	锚固剂密实度＞围岩应力＞岩层倾角＞顶板厚度＞顶板岩性＞巷道尺寸					

从表 3 - 5 中可知，将各数值模拟方案的结果通过式（3 - 2）计算可得到煤巷层状顶板锚固体失稳 6 个影响因素的极差值。通过极差值的大小可以得出，锚固剂密实度对煤巷层状顶板锚固体失稳的影响最大，巷道尺寸最小。影响因素敏感性排序为锚固剂密实度＞围岩应力＞岩层倾角＞顶板厚度＞顶板岩性＞巷道尺寸。

3.4.3　煤巷层状顶板数值模拟方案分类

由前面煤巷层状顶板失稳的影响因素敏感性分析可知，锚固剂密实度对巷道的稳定性影响最大。因此本节重点以锚固剂密实度为依据对正交设计各方案进行顶板下沉量分析。

图 3 - 30 所示为锚固剂密实度为 100% 时的 5 个数值模拟方案的顶板位移变化特征。由图可知，同样是锚固剂完全密实的 5 个方案，方案 1、方案 7 和方案 13 的顶板位移量很小，整体变形不大，最大位移小于 0.2 m，体现出很好的锚固效果。方案 19 的顶板下沉量最大值接近 1 m，方案 25 的顶板下沉量最大值为

1.6 m，可以看出这两个方案的顶板出现冒落的现象，造成此情况主要是因为围岩应力的增大和顶板中出现软弱夹层。方案 25 直接顶和夹层的厚度达到 3 m，超过锚杆的长度，而且直接顶和软弱夹层的岩性较差，容易失稳，因此，方案 25 的顶板完全垮落。

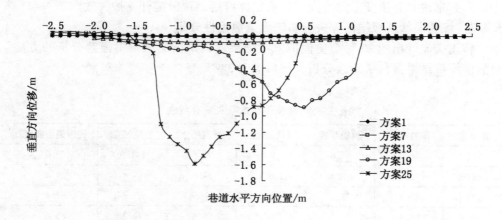

图 3-30 锚固剂为 100% 的 5 个方案顶板位移

图 3-31 所示为锚固剂密实度为 80% 时的 5 个数值模拟方案的顶板位移变化特征。由图可知，这 5 个方案的顶板位移均较小，都不超过 0.2 m。方案 20 的顶板下沉量最大值接近 0.13 m，方案 21 的顶板下沉量最大值超过 0.16 m，可以看出这两个方案的顶板可能出现层间离层现象。方案 20 主要是因为围岩应力的

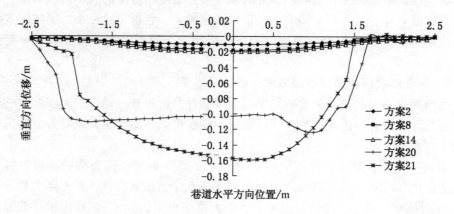

图 3-31 锚固剂为 80% 的 5 个方案顶板位移

增大和顶板中出现软弱夹层，两者的厚度达到 3 m，超过锚杆的长度，而且直接顶和软弱夹层的岩性较差，容易失稳。方案 21 主要是因为围岩应力增大到 20 MPa，并且巷道宽度达到了 5 m，使层状顶板的跨厚比增大。但由于锚固剂较密实，因此锚杆对顶板的变形量有很好的控制。

图 3-32 所示为锚固剂密实度为 60% 时的 5 个数值模拟方案的顶板位移变化特征。由图可知，方案 3 的顶板位移量很小，整体变形不大，最大位移小于 0.1 m，由于围岩应力较低，在锚固剂密实度较差时顶板依然较完整。方案 9 的顶板位移量增大，最大下沉量超过 0.2 m，说明在围岩应力加大之后，锚固剂不密实造成顶板变形。方案 15 和方案 22 的顶板下沉量最大值分别接近 0.3 m 和 0.5 m，顶板此时会出现明显离层，存在垮落危险。方案 16 的顶板下沉量最大值超过 1 m，从正交设计方案表中可知，该方案的直接顶为 1 m，无软弱夹层，顶板岩性也较好，但由于锚固剂密实度仅有 60%，锚杆没有锚固效果，仍然造成顶板的垮落。

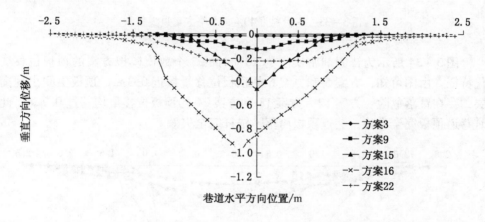

图 3-32　锚固剂为 60% 的 5 个方案顶板位移

图 3-33 所示为锚固剂密实度为 40% 时的 5 个数值模拟方案的顶板位移变化特征。由图可知，方案 4 和方案 10 的顶板位移量很小，最大位移值小于 0.1 m，但不能说明锚固效果好，主要是因为这两个方案岩层的倾角都较大，方案 4 为 45°，方案 10 为 30°，同时围岩应力较小，虽然锚杆的密实度很差，但依然起到了加大岩层间摩擦力的效果，使得巷道顶板变形不大。方案 11、方案 17 和方案 23 的顶板下沉量最大值接近 1.4 m，可以看出这 3 个方案的顶板出现冒落的现象。这 3 个方案中的其他影响因素都不相同，但由于锚固剂密实度太差，使巷道

整体垮落。

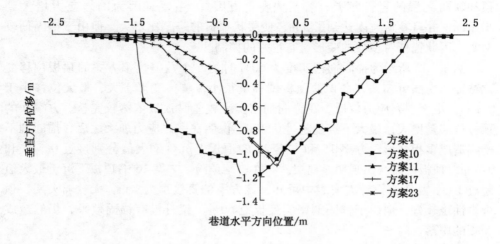

图 3 − 33 锚固剂为 40% 的 5 个方案顶板位移

图 3 − 34 所示为锚固剂密实度为 20% 时的 5 个数值模拟方案的顶板位移变化特征。由图可知，方案 5 和方案 6 的顶板位移量接近 0.3 m，顶板层间出现离层，存在冒落危险。方案 12、方案 18 和方案 24 的顶板位移量均超过 0.7 m。此时巷道顶板完全失稳，巷道顶板垮落，锚杆完全失效。

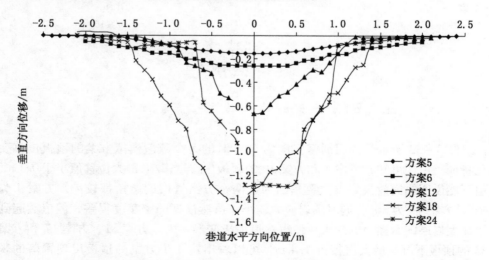

图 3 − 34 锚固剂为 20% 的 5 个方案顶板位移

综上 5 个煤巷层状顶板位移数据曲线图可知，随着锚固剂密实度越来越差，顶板整体下沉量增大，冒落的危险性增大。当锚固剂密实度低于 60% 时，锚杆的锚固效果消失，控制不住巷道顶板的变形，最终造成顶板的垮落。

综合正交设计出的 25 种数值模拟方案结果发现，方案 1、方案 2、方案 3、方案 4、方案 7、方案 8、方案 11 和方案 14 的顶板下沉量都不超过 10 cm，顶板的整体变形微小，完整性较好，可以分类为不失稳顶板；方案 5、方案 9、方案 13、方案 20 和方案 21 的顶板下沉量在 15 ~ 30 cm，顶板的下沉变形较小，仍然处于锚杆可延伸的范围，锚固体没有失效，可以分类为中等失稳顶板；方案 6、方案 12、方案 15、方案 22 的顶板下沉量在 30 ~ 50 cm，此时顶板各层位间产生离层，锚固体也极易失效，存在比较大的冒落危险，可以分类为易失稳顶板；方案 10、方案 16、方案 17、方案 18、方案 19、方案 23、方案 24、方案 25 的顶板下沉量大于 50 cm，顶板已经相当破碎，锚固体完全失效，巷道上方岩体整体发生冒落，可以分类为极易失稳顶板。

3.4.4 不同稳定性顶板锚固体的影响因素组合

通过 25 种方案的数值模拟，采用反分析法，将其中单个影响因素的单个参数出现过的不同方案综合分析，结果如图 3－35 所示。由极差分析可知，煤巷层状顶板失稳的影响因素较为敏感的 4 个因素为锚固剂密实度、围岩应力、岩层倾角、顶板各层位厚度。因此这里大致确定的煤巷层状顶板影响因素组合只包括这4 个影响因素。

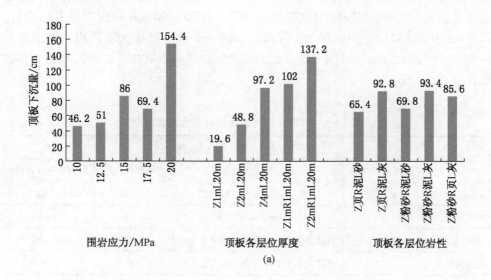

(a)

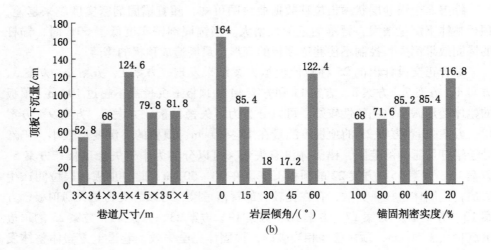

（图中 Z 表示直接顶、R 表示软弱岩层、L 表示基本顶）

图 3 - 35　单个影响因素顶板下沉量分析

单个影响因素的单个参数所对应的顶板下沉量，表示综合考虑在该参数影响下的几个数值模拟方案的顶板下沉量。如围岩应力为 10 MPa 时模拟方案为 1、2、3、4、5，图 4 - 35 中 10 MPa 所对应的就是这 5 个方案的顶板下沉量的平均值。现将综合考虑后的顶板下沉量划分为 4 个等级，分别对应四类失稳模式的煤巷层状顶板：①15 ~ 65 mm 对应不失稳顶板；②65 ~ 90 mm 对应中等失稳顶板；③90 ~ 120 mm 对应易失稳顶板；④120 ~ 160 mm 对应极易失稳顶板。根据划分的等级，可以大致确定不同失稳模式的煤巷层状顶板所对应各影响因素的各参数组合（表 3 - 6）。

表 3 - 6　四类失稳模式顶板的影响因素组合

顶板类型	影　响　因　素			
	围岩应力/MPa	顶板各层位厚度	岩层倾角/(°)	锚固剂密实度/%
不失稳顶板	<12.5	直接顶 1 ~ 2 m 无软弱岩层	30 ~ 45	>80
中等失稳顶板	12.5 ~ 15	直接顶大于 2 m 无软弱岩层	45 ~ 60	60 ~ 80
易失稳顶板	15 ~ 17.5	直接顶大于 1 m 软弱岩层大于 1 m	15 ~ 30	40 ~ 60
极易失稳顶板	>17.5	直接顶大于 2 m 软弱岩层大于 1 m	<15	<40

3.5 本章小结

通过对正交设计实验得到的 25 种实验方案进行数值模拟，对数值模拟结果进行应力和位移分析，得出以下结论：

（1）得到了 25 个不同煤巷层状顶板组合下的应力和位移变化特征，为后续的相似模拟研究和波导信息研究提供了方案和依据。

（2）对 25 种实验结果的分析得出，煤巷层状顶板失稳的影响因素敏感性排序为锚固剂密实度>围岩应力>岩层倾角>顶板厚度>顶板岩性>巷道尺寸。

（3）通过对每种方案的数值模拟结果中顶板位移量的分析，将 25 种方案分为 4 种类型顶板，分别为不失稳顶板、中等失稳顶板、易失稳顶板和极易失稳顶板，并得出每个类型顶板所对应的方案组合。

（4）利用反分析法，分析单个影响因素单个取值情况下顶板位移量的综合结果，得出四类顶板可能的影响因素组合情况。

4 煤巷层状顶板失稳模式相似模拟

相似模拟实验是以相似理论、因次分析作为依据的实验室研究方法，广泛应用于水利、采矿、地质、铁道等部门。该方法用在采矿工程的矿山压力研究上虽然起步比较晚，但已经显示出强大的生命力，成为一种强有力的科学研究手段。国外一些国家对相似材料模拟实验方法在生产、科研中的应用十分重视。尽管各国在模拟实验的具体做法上存在水平和工艺上的差异，但这种室内研究方法能在性质上反映一定地质采矿条件下矿山压力规律。但是，相似材料模拟试验技术也有它的弱点，如它要求专用的试验设备和比较复杂的试验技术，并且也难以满足全部相似条件。因此相似模拟试验的结果只是对工程实际的一种近似。

4.1 相似模拟实验目的

矿山压力研究的方法有理论分析、实际测定及模拟实验 3 种。完善的理论分析应对所研究的现象列出反映一般特征的微分方程，并加以积分得出参数常量方程式，然后利用单值条件求出特解，但对影响因素多、物理过程复杂的矿山压力现象却难以列出关系方程，即使经过假定简化，也经常由于太复杂而不易求解。因此，实际测定是研究矿山压力规律的主要方法，但也常因所需人力物力较多，受到客观条件限制，而且受多因素的影响，不易取得系统的内部规律。模拟实验可人为控制和改变实验条件，从而可确定单因素或多因素对矿山压力影响的规律，实验效果清楚直观，实验周期短、见效快。但前提是要在模型上能造成保持同一物理本质而物理量大小成比例的相似现象，并将研究结果推广到同类相似现象中去。煤炭系统的高等院校，如中国矿业大学、河南理工大学、山东科技大学等矿业学院均各有所长地发展了矿山压力模拟研究。从相似材料力学性质的研究至建立各种平面、立体的模拟试验台以及实验数据的电子计算机收集及处理方面均有长足进展。在促进矿山压力理论及改善控制方法方面，相似模拟研究将日益显示其重要作用。

本章选取第三章正交设计方案中的两个方案，在进行相似比换算后，研究方案中顶板的矿山压力规律，对数值模拟的结果进行验证分析。

4.2 相似模拟实验设计

4.2.1 相似模拟实验方案选取

相似模拟共做了两架实验，第一架实验选取第三章正交设计数值模拟方案中的方案 25，第二架实验选取的是方案 1。研究的技术思路是，将两个方案中的各影响因素组合，在平面应力情况下，研究不同的影响因素组合下煤巷层状顶板的变形情况，并与之前的数值模拟结果相互验证。

4.2.2 相似条件和相似材料

相似模拟实验能否成功主要取决于以下条件：

（1）能抓住研究问题的本质，有明确的科研思路及实验目的，能避开次要、随机的因素对研究对象的影响，突出主要矛盾。

（2）实验要以相似理论为根据，尤其是在研究过程中起决定作用的参数，要充分反映在相似准则中，尽可能满足边界、起始等单值条件。

（3）要有相应的设备作基础，包括试验台及测试仪器等装置。设备应大、中、小相结合，重要的工程项目模拟通常要用设备完善、测试精密的大型试验台完成；而属于定性、机理方面规律性的探讨，则可在设备较为简单和投资较少的中、小型试验台上反复进行。

（4）要有严谨的科学工作态度。模型制作工艺规格化，测试记录认真，减少误差，使实验成果具有更高的可信度。即使有某些干扰因素影响产生系统性误差，也应采取措施消除、减轻并加以改正。

根据相似理论的要求，必须使模型与实体原型相似，满足各对应量成一定比例关系及各对应量所组成的数学物理方程相同。结合实验具体要求，要保证模型和实体原型在几何尺寸、运动、动力三方面的对应比例关系。

（1）几何相似：要求模型与实体原型几何形状相似，需要满足长度比为常数，即

$$C_L = \frac{L_p}{L_m} = 常数$$

式中，C_L 为几何比；L_p 为原型尺寸；L_m 为模型尺寸。

（2）运动相似：要求模型与实体所有各对应点的运动情况相似，即要求各对应点的速度、加速度、运动时间等都成一定比例，即要求时间比为常数，即

$$C_t = \frac{T_p}{T_m} = 常数$$

式中，C_t 为时间比；T_p、T_m 分别为实体原型和模型的运动时间。

（3）动力相似：要求模型与实体的所有作用力都相似，由于重力作用，要求两者的容重比为常数，即

$$C_\gamma = \frac{\gamma_p}{\gamma_m} = 常数$$

式中，C_γ 为容重相似比，γ_p、γ_m 分别为原型容重和模型容重。

由相似定理及以上各基本的相似系数，可导出如下相似系数：

（1）强度相似比：$C_\sigma = \dfrac{\sigma_p}{\sigma_m} = \dfrac{\gamma_p L_p}{\gamma_m L_p} = C_r C_L$。

（2）载荷相似比：$C_F = C_r C_L^3$。

（3）弹模相似比：$C_E = C_r C_L$。

根据相似理论，结合实验的具体条件，确定各相似系数（表4-1）（方案1与方案25相同，比均为原型/模型）。

表4-1 相似模拟相似系数表

几何比	容重比	时间比	载荷比	弹模比	强度比
25	1.67	5	26042	41.75	41.75

水泥具有强度高、压拉比大、原料来源广泛、制作简单等特点，因此可以作为大比例模型的胶结料，并且满足本实验的相关要求。根据实验室岩石物理实验结果确定各岩层的强度，决定以细河砂为主料，以水泥和石膏为胶结材料，用四硼酸钠作为缓凝剂，分层材料为云母粉。

方案25的巷道位于煤层中，顶板有泥岩、粉砂岩和石灰岩，底板在试验中不作为研究对象，故全部为中砂岩。查有关相似材料配比表确定各层材料配比号，按比例计算层的材料用量（表4-2、表4-3）。其中加水量为总量的1/9，硼砂量占加水量的1/100，试件干燥时间为15 d。

表4-2 各岩层相似力学参数与配比

岩 性	原岩抗压度/MPa	弱化系数	强度比	模型抗压强度/kPa	配 比 号
粉砂岩	50	0.6	0.024	720	946（砂子、水泥、石膏）
泥岩	27.17	0.6	0.024	391	975（砂子、水泥、石膏）
中砂岩	143.07	0.6	0.024	2059	837（砂子、水泥、石膏）
石灰岩	156.8	0.6	0.024	2258	737（砂子、水泥、石膏）
煤	2.3	0.6	0.024	33	773（砂子、碳酸钙、石膏）

表4-3 相似模拟材料用量表

序号	岩性	抗压强度/kPa	原型厚度/m	模型厚度/cm	分层数	配比号	各层总重/kg	砂/kg	碳酸钙/kg	水泥/kg	石膏/kg	水/kg	硼砂/kg
							材料用量						
1	泥岩	391	1	7.5	3	9 7 5	56.25	50.625		3.28	2.34	6.25	0.1
2	粉砂岩	720	2	15	5	9 4 6	112.5	101.25		4.5	6.75	12.5	0.3
3	中砂岩	2059	4	30	10	8 3 7	393.75	315		23.625	55.125	43.75	0.3
4	煤	33	4	30	10	7 7 3	135	94.5	28.35		12.15	15	0.1
5	灰岩	2258	9	57.5	19	7 3 7	337.5	236.25		30.375	70.875	37.5	0.3
合计			20	150			1035	798	28.35	61.78	147.24	115	1.3

方案1的巷道位于煤层中，顶板有页岩和中砂岩，底板在试验中不作为研究对象，故全部为中砂岩。查有关相似材料配比表确定各层材料配比号，按比例计算层的材料用量（表4-4、表4-5）。其中加水量为总量的1/9，硼砂量占加水量的1/100，试件干燥时间为15 d。

表4-4 各岩层相似力学参数与配比

岩 性	原岩抗压度/MPa	弱化系数	强度比	模型抗压强度/kPa	配 比 号
中砂岩（顶板）	143.07	0.6	0.024	2059	837（砂子、水泥、石膏）
页岩	27.17	0.6	0.024	513	955（砂子、水泥、石膏）
中砂岩（底板）	143.07	0.6	0.024	2059	837（砂子、水泥、石膏）
煤	2.3	0.6	0.024	33	773（砂子、碳酸钙、石膏）

表4-5 相似模拟材料用量表

序号	岩性	抗压强度/kPa	原型厚度/m	模型厚度/cm	分层数	配比号	各层总重/kg	砂/kg	碳酸钙/kg	水泥/kg	石膏/kg	水/kg	硼砂/kg
							材料用量						
1	中砂岩（顶）	2059	16	80	25	8 3 7	600	480		36	84	67	0.5
2	页岩	513	1	5	2	9 5 5	37.5	33.75		1.875	1.875	3.75	0.1
3	煤	33	3	15	5	7 7 3	67.5	47.25	14.18		6.08	7.5	0.1
4	中砂岩（底）	2059	10	50	16	8 3 7	375	300		22.5	52.5	41.7	0.3
合计			30	150			1080	861	14.18	60.375	144.455	119.95	1

4.2.3　模型制作

　　首先对方案25进行试验，研究该方案煤巷层状顶板的位移、应力分布及变化、破坏形态等规律。严格按照各岩层的实际尺寸通过几何相似比折算后铺设，保证模型每一层厚度在2～3 cm，并在实验架两侧做出标记，以便模型铺设（图4－1）。具体步骤如下：

图4－1　实验架两侧标记

　　（1）实验前将模型架子和护板清理干净，并在护板内侧表面涂上机油，以防脱模时相似材料黏结在模型上，造成模型表面的破坏，在刷油的护板上再铺一层非常薄的塑料薄膜，并用螺栓固定在模型架两侧，然后检查护板与模型底座之间是否有较大间隙，如果有，则对间隙进行处理。

　　（2）根据表4－3中计算的材料用量，分别称量所需的砂、水泥及石膏，倒入搅拌机，搅拌均匀（图4－2）。

　　（3）将称量好的四硼酸钠溶于定量水中，搅拌至完全溶解。

　　（4）将四硼酸钠水溶液倒入搅拌机，搅拌均匀即可。

　　（5）将配制好的材料倒入模型架中，用刮刀抹平，用铁板把模拟材料压实；铺设中，用水平尺检测每层的材料是否平整。每层材料之间铺设云母片来模拟各岩层的层面和节理裂隙等弱面，并使模型层理分明。

图 4-2 材料搅拌

（6）边上护板边倒入模拟材料，并在设计的位置布置应力测点和位移测点，然后重复步骤（1）～（5），直至设计高度。

（7）干燥一天后，拆掉两侧护板，继续干燥，约一周后，看具体模型的干燥程度，待模型完全干燥后进行加压和观测。

模型的正面用 10 mm 厚的可拆卸挡板、后面用 20 mm 厚的有机玻璃钢板进行约束，以真实模拟平面应力的受力状态。在模型制作过程中要适当控制分层铺设的间隔时间（2～5 min），整个模型应一次铺设完成。在铺设过程中，巷道位置用前期制作好的木块模型进行预埋，以便于开挖。

方案 1 的模型铺设步骤与方案 25 的相同，在此不再赘述。

4.2.4 支护材料

第一架试验以正交设计方案 25 为结构原型，岩层倾角为 15°，巷道为梯形巷道，巷道高度为 4 m（巷道顶板中心点距底板的距离），宽度也为 4 m，按相似比可以算出模型巷道高 16 cm，宽为 16 cm。第二架试验以方案 1 为结构原型，岩层倾角为 0° 即水平岩层，巷道为矩形巷道，高度为 3 m，宽度也为 3 m，按相似比可以算出模型巷道高 12 cm，宽为 12 cm。试验巷道支护方式为顶板和两帮使用锚杆、锚索支护类型。锚杆材质为钢材，弹性模量 $E = 2.10 \times 10^5$（MPa），

按相似比 $CE = 41.75$ 计算，相似材料弹性模量 $E_m = 5.029 \times 10^3$（MPa）。山东临沂生产的 5A 保险丝弹性模量 $E = 1.05 \times 10^4$（MPa）较为接近，选取该材料制作锚杆，如图 4-3 所示。采用铝丝模拟锚索，如图 4-4 所示，锚杆和锚索的参数见表 4-6。试验通过原型与模型等效抗弯强度完全相似的方法进行模拟。两架模型中巷道如图 4-5、图 4-6 所示。

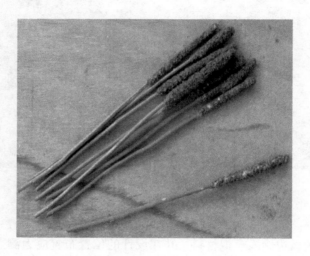

图 4-3　模拟试验所用锚杆

图 4-4　模拟试验所用锚索

表4-6　原型与相似材料性质

材　　料	锚　　杆		锚　　索	
	D/mm	L/mm	D/mm	L/mm
原型性质	22	2500	18	6000
相似材料性质	0.88	100	0.72	240

图4-5　方案25模型巷道

图4-6　方案1模型巷道

4.2.5　实验加载装置

　　三维锚杆支护综合实验装置是由作者课题组设计,河南理工大学机械厂制造而成的。装置由底架、上部加载系统、试件模具和电动液压油泵组成。试件模具的尺寸为 1500 mm × 1000 mm × 500 mm(长×宽×厚),相当于 37.5 × 25 × 12.5 (m^3) 的立体空间范围。

　　上部加载系统是由 4 个支撑梁通过螺杆、螺母和连接板组成的框架,在上载荷梁的下方装有 3 个旋转油缸,用来对试验模型施加载荷。框架的前侧安装四块挡板,后侧安装两块 20 mm 厚的有机玻璃钢板,用以限制模型的侧向变形,如图 4-7 所示。

图4-7　三维锚杆支护综合实验装置

　　液压加载系统是对试验模型进行加载的控制和执行部分，它主要由3台旋转油缸、高压软管、液压稳定器和电动液压油泵组成，稳压器的输入端与电动油泵相连。如图4-7所示。

4.2.6　测试方法

　　1. 应力测试

微型土压力盒具有灵敏度较高、结构简单、体积小等优点，更适用于室内模型试验或较小比例的模型试验。应力测试采用 DH3818 20 通道静态应变仪，通过数据线与预先埋入模型中的微型土压力盒连接。在微型土压力盒埋入模型前对其进行标定，以确定单位应变所对应的应力。每次加载后稳压 30 min，在应力传递基本完成后开始测试，各测点数据通过 DH3818 20 通道静态应变仪软件在电脑上直接读取，如图 4-8、图 4-9 所示。按标定的微型土压力盒的应力应变对应关系及相似比折算成实际岩体的应力，因此埋入微型土压力盒之前要进行标定。

BX120-5AA电阻应变片

DH3828静态应变测试仪

图 4-8 应力测试系统

为得到准确的结果，埋设微型土压力盒时应做到以下几点：

（1）微型土压力盒承压面与拟测应力方向垂直，同时必须安放平稳，保证传感器在量测过程中承压面不偏转。

（2）标定微型土压力盒时，要求所采用的介质密度与微型土压力盒实际埋设处的介质密度尽可能一致。

图 4-9　测试系统软件界面

（3）微型土压力盒之间的距离大于 6R。

2. 位移测试

图 4-10　GTS-600 电子全站仪

试验巷道围岩位移量的监测采用拓普康 GTS-600 系列电子全站仪（图 4-10）。在模型巷道断面布置监测点，随着加载压力的增大，用全站仪观测每次加压各个测点的位移量，然后按几何相似比折算成原型巷道实际岩体的位移量。

4.2.7　测点布置

1. 应力测点布置

第一架模型中的微型土压力盒在模型中的布置如图 4-11 所示。按几何相似比折算成原型尺寸，测点为左右对称布置。第一排测点 1~3 位于巷道顶板上方 1 m 处，间距为 4 m；第二排测点 4~6 距巷道顶板 3 m，间距为 4 m；第三排测点 7 ~ 10 布置在巷道的两帮，测点 7 和 10 距离巷帮 3 m，测点 8 和 9 距巷帮 1 m。每个测点均埋设两个压力盒，距离模型正表面 0.2 m 为 A 点，距离模型正表面 0.3 m 为 B 点。

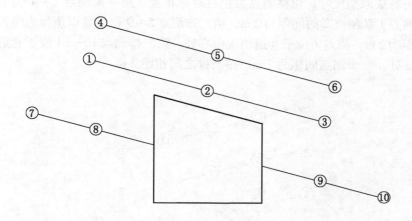

图 4 – 11　方案 25 应力测点布置

第二架模型中的微型土压力盒在模型中的布置如图 4 – 12 所示。按几何相似比折算成原型尺寸，测点为左右对称布置。第一排测点 1 ~ 3 位于巷道顶板上方 1 m 处，间距为 4 m；第二排测点 4 到 6 为距巷道顶板 3 m，间距为 4 m；第三排测点 7 ~ 10 布置在巷道的两帮，测点 7 和 10 距离巷帮 3 m，测点 8 和 9 距巷帮 1 m。每个测点均埋设两个压力盒，距离模型正表面 0.2 m 为 A 点，距离模型正

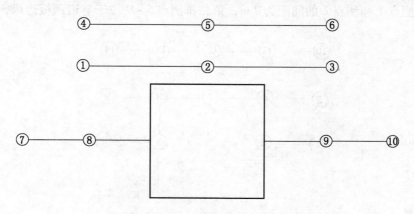

图 4 – 12　方案 1 应力测点布置

表面 0.3 m 为 B 点。

2. 位移测点布置

第一架模型在试验巷道表面共布置 3 排位移测点，如图 4 – 13 所示。按几何相似比折算成原型尺寸，位移测点为左右对称布置。第一排测点 1 ~ 4 位于巷道两帮，测点 1 和测点 2 的间距为 2 m，第二排测点 5 ~ 9 位于巷道顶板边缘，每个测点间距为 2 m，测点 7 位于巷道顶板中心处。第三排测点 10—14 位于巷道顶板上方 2 m 处，每个测点间距为 2 m。排与排之间相距 2 m。

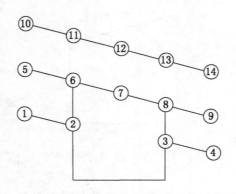

图 4 – 13　方案 25 位移测点布置

第二架模型在试验巷道表面共布置 3 排位移测点，如图 4 – 14 所示。按几何相似比折算成原型尺寸，位移测点为左右对称布置。第一排测点 1 ~ 4 位于巷道两帮，测点 1 和测点 2 的间距为 2 m，第二排测点 5 ~ 9 位于巷道顶板边缘，每个

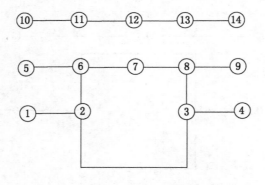

图 4 – 14　方案 1 位移测点布置

测点间距为 2 m，测点 7 位于巷道顶板中心处。第三排测点 10—14 位于巷道顶板上方 2 m 处，每个测点间距为 2 m。排与排之间相距 2 m。

4.3　方案 25 实验模型围岩变形破坏特征分析

巷道顶底板、两帮移近量随水平载荷变化曲线如图 4 – 15 所示，由图 4 – 15 可知，巷道顶底板和两帮移近量均随加载载荷的增加而增加。刚开始加载时，移近增加的速率很小，当加载到 4 MPa 时，巷道顶底板移近速率明显变大。加载到 12 MPa 时，两帮移近量为 16.5 mm，顶底板移近量为 135 mm。继续增大加载载荷，巷道顶底板移近量继续增大，说明巷道顶板已经失稳，两帮移近量增加的幅度则有趋于平稳的趋势。

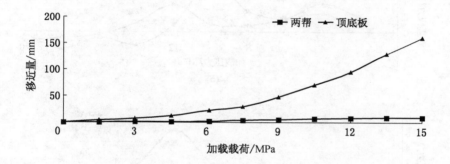

图 4 – 15　巷道顶底板、两帮移近量随水平载荷变化曲线图

4.3.1　应力测试结果分析

图 4 – 16 所示为第一架实验模型即方案 25 巷道对应测点的垂直应力随加载压力的增加而变化的情况。图 4 – 16a 所示为巷道 A1、B1 测点垂直应力的变化规律，A1、B1 测点位于巷道顶板与右帮夹角上方 1 m 处，从图中可以看出测点 A1、B1 均受压应力，随着加载压力的增加，A1 和 B1 所承受压应力均有所增加，A1 增加的速率比 B1 稍大一些。

图 4 – 16b 中测点 A2、B2 位于巷道中心点上方 1 m 处，从图中可知，随着加载压力的增加，A2 测点先受压应力，压应力开始显现增大趋势，最大值为 6.2 MPa，此时加载压力相当于实际载荷 10 MPa，然后逐渐转变为受拉应力，拉应力值变化较小；测点 B2 同样先受压应力，压应力开始显现增大趋势，但增大的速度小于 A2，最大值为 3.8 MPa，此时加载压力相当于实际载荷 12 MPa，然后逐渐转变为受拉应力，拉应力值变化较小。

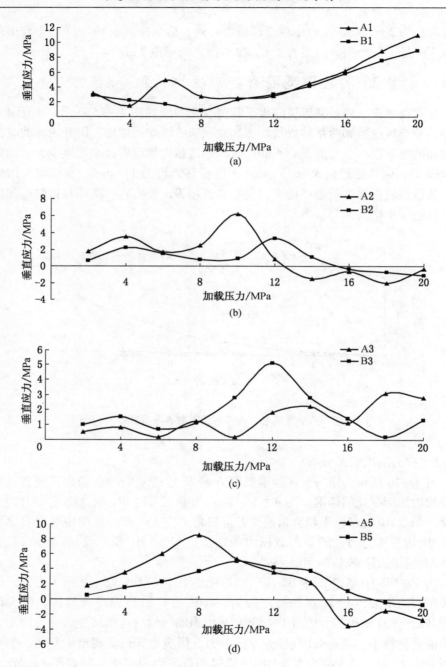

图 4 - 16 不同测点垂直应力

图 4 - 16c 中测点 A3、B3 位于巷道顶板与左帮夹角上方 1 m 处，从图中可知，刚开始两侧点处都受压应力，随着加载压力的增大，压应力随之增大，然后逐渐减小。

图 4 - 16d 中测点 A5、B5 距巷道中心点上方 3 m 处，从图中可知，随着加载压力的增加，A5 测点处先受压应力，压应力开始显现增大趋势，最大值为 8.8 MPa，此时加载压力相当于实际载荷 8 MPa，然后逐渐转变为受拉应力，拉应力值变化较小；测点 B5 同样先受压应力，压应力开始显现增大趋势，但增大的速度小于 A5，最大值为 5.2 MPa，此时加载压力相当于实际载荷 10 MPa，然后逐渐转变为受拉应力，拉应力值开始较大然后减小。

4.3.2　巷道顶板位移分析

图 4 - 17 所示为巷道不同层位顶板垂直位移变化。由图 4 - 17a 可知，顶板

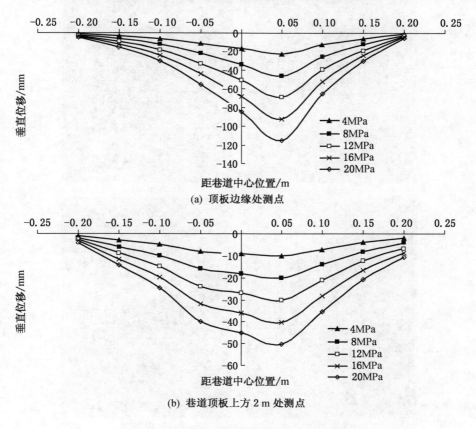

(a) 顶板边缘处测点

(b) 巷道顶板上方 2 m 处测点

图 4 - 17　巷道不同层位顶板垂直位移变化

边缘处的测点随着水平载荷的增大，位移量最大值为 120 mm。巷道顶板的下沉呈现非对称性，靠近右帮的顶板下沉量较大，最大位移点位于巷道顶板中心点右边 0.05 m 处。

从图 4–17b 中的第二排测点可知，随着加载载荷的增加，顶板下沉量也逐渐增大，下沉量最大值为 50 mm。顶板的下沉同样呈现非对称性，最大位移点位于巷道顶板中心点右边 0.05 m 处。

4.3.3　巷道围岩裂隙演化特征分析

图 4–18 所示为方案 25 巷道在不同加载载荷下巷道围岩破坏的照片，从图

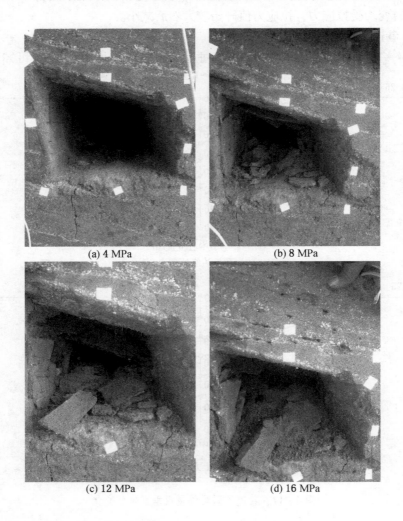

(a) 4 MPa

(b) 8 MPa

(c) 12 MPa

(d) 16 MPa

(e) 20 MPa

图 4-18　不同加载载荷下巷道围岩破坏的照片

4-18a 可知，加载载荷相当于实际载荷 4 MPa 时，巷道顶板开始出现小的裂隙，其他部位基本没什么影响。当加载载荷相当于实际载荷 8 MPa 时，巷道顶板裂隙增多，部分裂隙开始延伸、贯通。部分岩石已经掉落。当加载载荷相当于实际载荷 12 MPa 时，巷道围岩裂隙进一步增多，巷道顶板开始开裂，巷道左右两肩形成多处叠加的破断拱形裂隙，右帮岩体向巷道内小幅移进。顶板裂隙进一步发育并向深部扩展，顶板断裂。当加载载荷相当于实际载荷 16 MPa 时，顶板裂隙进一步增多、延伸，巷道右肩破坏严重，冒落现象非常严重，顶板沿裂隙大块断裂、冒落。当加载载荷相当于实际载荷 20 MPa 时，巷道表面浆皮大量破断、脱落，右帮岩体大幅向巷道内移进，顶板裂隙持续扩展，冒落也越加强烈，巷道处于失稳状态。

4.4　方案 1 实验模型围岩变形破坏特征分析

巷道顶底板、两帮移近量随水平载荷变化曲线如图 4-19 所示，由图 4-19 可知，巷道顶底板和两帮移近量随加载载荷的增加而增加。刚开始加载时，移近增加的速率很小，当加载到 4 MPa 时，巷道顶底板移近速率稍微变大。加载到 8 MPa 时，两帮移近量为 8.5 mm，顶底板移近量为 16 mm。继续增大加载载荷，巷道顶底板和两帮移近量增加的幅度减小，有趋于平稳的趋势，巷道顶板已经稳定。

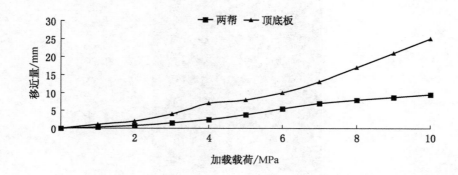

图 4 - 19　巷道顶底板、两帮随水平载荷变化曲线图

4.4.1　应力测试结果分析

图 4 - 20 所示为第二架实验模型即方案 1 巷道对应测点的垂直应力随加载压力的增加而变化的情况。图 4 - 20a 所示为巷道 A1、B1 测点水平应力的变化规律，A1、B1 测点位于巷道顶板与右帮夹角上方 1 m 处，从图中可知测点 A1、B1 均受压应力，随着加载压力的增加，A1 和 B1 所承受压应力均有所增加，A1 增加的速率比 B1 稍大一些。

图 4 - 20b 中测点 A2、B2 位于巷道中心点上方 1 m 处，从图中可知，随着加载压力的增加，A1 测点先受压应力，压应力开始显现增大趋势，最大值为 5.8 MPa，此时加载压力相当于实际载荷 4 MPa，然后逐渐转变为受拉应力，拉应力值变化较小；测点 B2 同样先受压应力，压应力开始显现增大趋势，但增大的速度小于 A2，最大值为 2.3 MPa，此时加载压力相当于实际载荷 7 MPa，然后逐渐转变为受拉应力，拉应力值变化较小。

图 4 - 20c 中测点 A3、B3 位于巷道顶板与左帮夹角上方 1 m 处，从图中可知，刚开始两侧点处都受压应力，随着加载压力的增大，压应力逐渐减小。

图 4 - 20d 中测点 A5、B5 距巷道中心点上方 3 m 处，从图中可知，随着加载压力的增加，A5 测点处先受压应力，压应力开始显现增大趋势，最大值为 6.1 MPa，此时加载压力相当于实际载荷 3.5 MPa，然后逐渐转变为受拉应力，拉应力值开始较大然后减小；测点 B5 同样先受压应力，压应力开始显现增大趋势，但增大的速度小于 A5，最大值为 5.2 MPa，此时加载压力相当于实际载荷 2 MPa。

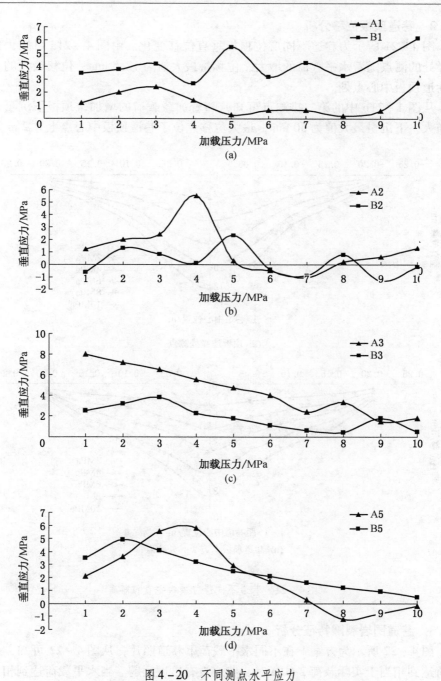

图4-20 不同测点水平应力

4.4.2 巷道顶板位移分析

图 4 - 21 所示为巷道不同层位顶板垂直位移变化。由图 4 - 21a 可知，顶板边缘处的测点随着水平载荷的增大，位移量最大值为 12.5 mm，位移最大的点位于巷道顶板中心点处。

从图 4 - 21b 中的第二排测点可知，随着加载载荷的增加，顶板下沉量也逐渐增大，下沉量最大值为 50 mm，最大位移点位于巷道顶板中心点上方 2 m 处。

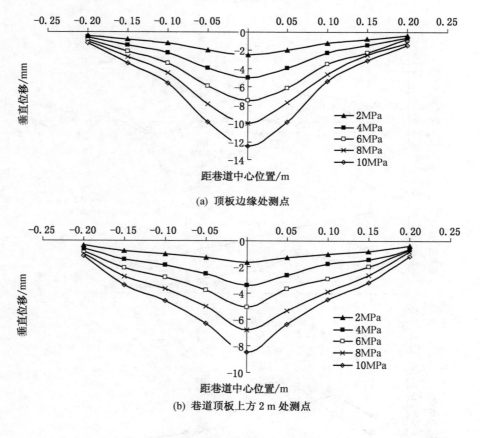

(a) 顶板边缘处测点

(b) 巷道顶板上方 2 m 处测点

图 4 - 21 巷道不同层位顶板垂直位移

4.4.3 巷道围岩裂隙特征分析

图 4 - 22 所示为方案 1 在不同水平载荷下巷道照片，从图 4 - 22 可知，水平载荷达到相当于实际载荷 2 MPa 时，巷道没有出现问题。当水平载荷达到相当于

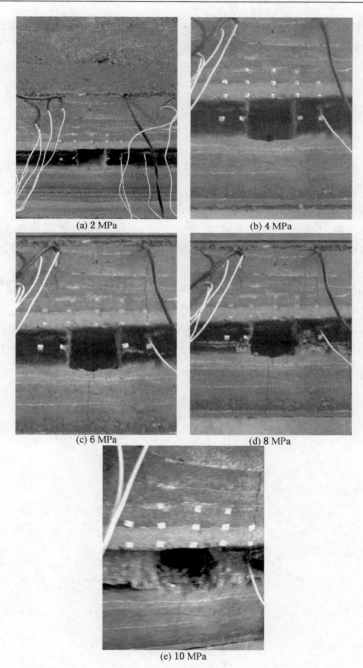

(a) 2 MPa

(b) 4 MPa

(c) 6 MPa

(d) 8 MPa

(e) 10 MPa

图 4-22 不同水平载荷下的巷道照片

实际载荷 4 MPa 时，巷道肩部出现裂隙。当水平载荷达到相当于实际载荷 6 MPa 时，巷道内部表面出现裂隙，顶板开始出现裂隙。当水平载荷达到相当于实际载荷 8 MPa 时，巷道顶板裂隙增多，外部喷层浆皮少量脱落，两帮岩体向巷道内小幅移进，顶板小幅下沉。当水平载荷达到相当于实际载荷 10 MPa 时，巷道内部出现大量新发育裂隙，观测到有大块表皮脱落。

4.5 本章小结

本章以正交设计中的方案 25 和方案 1 为依据，采用相似模拟试验研究得到以下结论：

（1）巷道顶板在加载载荷的作用下，开始都承受较大的压应力，并且随着载荷的增加压应力随之变大。巷道中心点上方的测点在加载载荷加大到一定值时，由于顶板的变形下沉，压应力转变为拉应力，变形很快趋于稳定，拉应力变化不大。

（2）倾斜岩层巷道的顶板变形冒落时，顶板呈现非对称下沉的特征，靠近较高帮的顶板下沉量较大，破断位置一般出现于此处。

（3）加载载荷增大时，顶板裂隙发育，然后贯通，最终导致顶板破断冒落。

（4）相似模拟实验中方案 1 和方案 25 顶板的变形情况基本与第 3 章数值模拟情况相同，对比验证了第 3 章的结论。

5 煤巷层状顶板树脂锚杆波导特性

煤巷层状顶板锚固体内锚杆锚固质量的无损检测应力波法，是基于一维杆件的波动理论。因为在工程实际运用中，所使用的锚杆均具有锚杆长度远远大于锚杆直径的条件，故可将工程实际中的锚杆简化为一维杆件。当锚杆托盘端受瞬态力激震后，引起锚杆托盘端质点振动，并以应力波的形式向锚杆锚固端传播。当波在均匀介质中传播时，波的传播速度、幅度和类型均保持不变，但当波在非均匀介质（波阻抗发生变化）中传播时，将发生反射、透射或者散射现象，波的强度将发生突变，导致扰动能量重新分配，一部分能量穿过界面向前传播，称为透射波，而另一部分能量反射回原介质，称为反射波。由于反射波携带锚杆体内的信息，利用这些信息就可以对锚杆的锚固质量进行分析评价。

锚杆支护是广泛应用于矿山巷道、水利工程、铁路隧洞以及人防等工程的一种加固措施。它是在围岩表面按一定距离、方向和深度钻孔插入锚杆，然后利用锚固剂或者灌浆固定的一种方法。由此可见，锚杆对围岩有联结、组合和加固的作用。

本章借助桩基检测理论将围岩对锚杆的作用简化为一个线性弹簧和一个与速度有关的阻尼器，并且求出锚杆围岩系统动力学方程在不同边界条件下的解析解。这一理论分析为锚杆锚固质量无损检测方法的发展以及提高锚杆锚固质量动测技术的准确性提供了新的方法。将锚杆—锚固介质—围岩系统视为锚固系统进行动力学特性研究，在分析系统的动力响应时，将锚杆锚入围岩中的锚固端的边界条件考虑为非线性的，而将锚杆的波动方程看作线性的。

5.1 锚固体波导特性数学模型

5.1.1 锚杆的一维纵振动模型的方程

$$\frac{\partial^2 u}{\partial x^2} = \frac{1}{V_c^2} \cdot \frac{\partial^2 u}{\partial t^2} \qquad (5-1)$$

其中，$V_c = \sqrt{\dfrac{E}{\rho}}$ 或者 $\dfrac{\partial^2 u}{\partial t^2} = a^2 \dfrac{\partial^2 u}{\partial x^2}$，$a = \sqrt{\dfrac{E}{\rho}}$。

式（5-1）为当 $E(x)$、$\rho(x)$ 都是常数时由式（5-2）导出的形式，声波反射法以此作为基础。

$$\frac{\partial}{\partial x}\left[E(x)\frac{\partial u}{\partial x}\right]=\rho(x)\frac{\partial^2 u}{\partial t^2} \tag{5-2}$$

式中，$E(x)$、$\rho(x)$分别为与深度有关的弹性模量和密度函数。通过等效转换的概念，结合参数辨识方法，可用于锚杆—围岩系统的一种一维波动方程模型。通过对$E(x)$和$\rho(x)$的辨识，可以判断锚杆锚固的质量。

$$\rho A\frac{\partial^2 u}{\partial t^2}=EA\frac{\partial^2 u}{\partial x^2}+D\frac{\partial^3 u}{\partial x^2 \partial t} \tag{5-3}$$

式中，D为结构阻尼系数。文献《锚杆—锚固介质—围岩系统瞬态激励的响应分析》中用此方程结合反映介质刚度和阻尼的非线性边界条件，利用齐次化原理和奇异摄动方法研究锚杆—锚固介质—围岩系统，得出近似解析解。从研究中将看到 D 对高频成分的衰减性作用很大。根据等效性，这种带结构阻尼模型和文献《锚杆围岩系统数学模型的建立及动态响应分析》中带刚性和黏滞性阻尼的模型对于锚杆—锚固介质—围岩系统的研究异曲同工（需要比较研究），后者即式（5-4）。

$$\frac{\partial^2 u}{\partial x^2}-\frac{1}{V_c}\cdot\frac{\partial^2 u}{\partial t^2}-\frac{ku}{AE}-\frac{c}{AE}\cdot\frac{\partial u}{\partial t}=0 \tag{5-4}$$

或者

$$A\rho\frac{\partial^2 u}{\partial t^2}=AE\frac{\partial^2 u}{\partial x^2}-c\frac{\partial u}{\partial t}-ku$$

式中，k为作用在杆侧单位深度介质上的等效刚度系数；c为作用在杆侧单位深度介质上的等效阻尼系数。可以作为对于介质刚性及阻尼与深度有关情况的一种处理。

$$\frac{\partial^2 u}{\partial t^2}=\frac{E}{\rho}\cdot\frac{\partial^2 u}{\partial x^2}-\frac{R}{A\rho} \tag{5-5}$$

式（5-5）是锚杆纵波控制方程，其中$R=R(x)$表示黏结摩擦力，R与介质的性质、密实程度、杆侧粗糙度及锚杆施工方法等因素有关，一般为未知，有时假设为$c\frac{\partial u}{\partial t}+ku$。文中指出了对$R$的一种确定方法，实际可用最佳摄动量法解决。我们可对R赋予不同的意义，当考虑锚固介质的刚性和黏滞阻尼时可在方程右端增加$-\frac{c}{A\rho}\cdot\frac{\partial u}{\partial t}-\frac{k}{A\rho}u$，而将锚杆本身的重力以及锚固作用施于锚杆的固结力等因素，如不忽略的话，归到函数$R(x)$中去，认为$R(x)$表示固结力。

上面各类型方程都可看作下面某一个方程的特例：

$$\frac{\partial^2 u}{\partial t^2} = a^2 \frac{\partial^2 u}{\partial x^2} + \mathrm{d}\frac{\partial^3 u}{\partial x^2 \partial t} - c\frac{\partial u}{\partial t} - ku + R(x) + D(x)\frac{\partial^3 u}{\partial x^2 \partial t} - C(x)\frac{\partial u}{\partial t} - K(x)u$$

$$(5-6)$$

$$\frac{\partial}{\partial x}\left[E(x)\frac{\partial u}{\partial x}\right] = \rho(x)\frac{\partial^2 u}{\partial t^2} + c(x)\frac{\partial u}{\partial t} + k(x)u \qquad (5-7)$$

5.1.2　一维模型的特征函数

设锚杆长为 l，以 $x=0$ 和 $x=l$ 表示自由端和锚固端的坐标，略去详细推导而直接给出一维模型的几种不同的边界条件及相应的特征函数（振型函数）。

（1）当自由端自由、锚固端固定（锚固端黏结很好且岩石坚固的情形），边界条件为

$$\frac{\partial u}{\partial x}\bigg|_{x=0} = 0 \qquad u\big|_{x=l} = 0$$

特征函数族为 $\cos\dfrac{(2n-1)\pi x}{2l}$（$n=1,2,\cdots$）。

（2）当自由端和锚固端皆自由（锚固端黏结很不好的情形），边界条件为

$$\frac{\partial u}{\partial x}\bigg|_{x=0} = \frac{\partial u}{\partial x}\bigg|_{x=l} = 0$$

特征函数族为 $\cos\dfrac{n\pi x}{l}$（$n=1,2,\cdots$）。

（3）当自由端自由，锚固端弹性支承（锚固端处介质不密实而锚固较差的情形），边界条件为

$$\frac{\partial u}{\partial x}\bigg|_{x=0} = 0 \qquad \left(\frac{\partial u}{\partial x} + \frac{k_0}{EA}u\right)\bigg|_{x=l} = 0$$

式中，k_0 为锚固端处介质的等效刚度系数。

特征函数族为 $\cos\sqrt{\lambda_n}\,x$（$n=1,2,\cdots$）。其中，λ_n 是方程 $\tan(\sqrt{\lambda}L)=\dfrac{k_0}{EA\sqrt{\lambda}}$ 的第 n 个正根。

（4）当自由端和锚固端皆固定（锚固端黏结很好且自由端被锚网喷固定的情形），边界条件为

$$u\big|_{x=0} = u\big|_{x=l} = 0$$

特征函数族为 $\sin\dfrac{n\pi x}{l}$（$n=1,2,\cdots$）。

（5）当自由端自由而锚固端为非线性弹性支承，考虑具有结构阻尼的一维波动方程模型时所设的反映锚固介质刚度和阻尼的非线性特点的边界条件，则边界条件为

$$\left.\frac{\partial u}{\partial x}\right|_{x=0}=0$$

$$\left[\frac{\partial u}{\partial x}+\frac{k_1}{EA}u+\frac{k_2}{EA}u^3+\frac{G_1}{EA}\cdot\frac{\partial u}{\partial t}+\frac{G_2}{EA}\left(\frac{\partial u}{\partial t}\right)^3\right]\Bigg|_{x=l}=0$$

式中，k_1、k_2 为锚固端处介质的弹性系数；G_1、G_2 为锚固端处介质的阻尼系数，应用奇异摄动理论，将此非线性边界条件看作线性边界条件：

$$\left.\frac{\partial u}{\partial x}\right|_{x=0}=0$$

$$\left(\frac{\partial u}{\partial x}+\frac{k_1}{EA}u\right)\Bigg|_{x=l}=0$$

的过程中，仍可以应用特征函数族 $\cos\sqrt{\lambda_n}x(n=1,2,\cdots)$。其中，$\lambda_n$ 是方程 $\tan(\sqrt{\lambda}L)=\dfrac{k_1}{EA\sqrt{\lambda}}$ 的第 n 个正根。

5.1.3　三维非均匀各向同性杆体波动方程转换

在无损检测问题中，三维非均匀各向同性弹性体波动方程为

$$\frac{\partial}{\partial x_i}\left[\lambda(x)\,\nabla\cdot u(x,t)\right]+\sum_{j=1}^{3}\frac{\partial}{\partial x_j}\left[\mu(x)\left(\frac{\partial u_i}{\partial x_j}+\frac{\partial u_j}{\partial x_i}\right)\right]-$$

$$\rho(x)\frac{\partial^2 u_i}{\partial t^2}=0\quad(i=1,2,3;\ x\in\Omega,t\geqslant0)\qquad(5-8)$$

其中，$x=(x_1,x_2,x_3)$，$u=[u_1(x,t),u_2(x,t),u_3(x,t)]\equiv u(x,t)$ 为时刻 t 时质点 x 处位置向量函数，∇ 为数学问题中的散度。可以把锚固系统近似认为除下端托盘自由外，其余杆体表面都约束于一个固定长度的圆柱体，利用位置向量函数所满足的线性弹性波动方程和下端托盘可检测的响应来分析锚杆的材料特性以及体积模量 $\lambda(x)$、剪切模量 $\mu(x)$、密度 $\rho(x)$，进而分析确定锚杆的锚固强度和密实度的情况。

由于锚杆杆体近似为一个圆柱体，所以将方程转换为柱坐标下的方程将更加便于计算和检测。

$$\begin{cases}x_1=r\cos\theta\\x_2=r\sin\theta\\x_3=z\end{cases}$$

上述方程为直角笛卡尔坐标系与柱坐标系的未知数转换关系。

直角坐标系下的散度自由条件为

$$\frac{\partial u_1}{\partial x_1} + \frac{\partial u_2}{\partial x_2} + \frac{\partial u_3}{\partial x_3} = 0$$

在柱坐标下的散度自由条件:

$$\frac{\partial u_1}{\partial r}\cos\theta - \frac{\partial u_1}{\partial \theta}\frac{\sin\theta}{r} + \frac{\partial u_2}{\partial r}\sin\theta + \frac{\partial u_2}{\partial \theta}\frac{\cos\theta}{r} + \frac{\partial u_3}{\partial z} = 0$$

$u = \left[u_1(x_1,x_2,x_3), u_2(x_1,x_2,x_3), u_3(x_1,x_2,x_3) \right]$ 是一向量, u_1、u_2、u_3 是 u 的分量。

利用上述转换关系,可将三维非均匀各向同性杆体波动方程转换为柱坐标系下的方程:

$$\lambda(x)\left(\frac{\partial r}{\partial x_i} + \frac{\partial \theta}{\partial x_i} + \frac{\partial z}{\partial x_i}\right)\left(\frac{\partial^2 u_i}{\partial r^2} \cdot \frac{1}{\cos\theta} - \frac{\partial^2 u_i}{\partial r\partial\theta} \cdot \frac{1}{r\sin\theta}\right) +$$

$$\sum_{j=1}^{3} \frac{\partial}{\partial x_j}\left(\frac{\partial^2 u_i}{\partial r^2} \cdot \frac{1}{\cos^2\theta} - \frac{\partial^2 u_i}{\partial r\partial\theta} \cdot \frac{1}{r\sin\theta\cos\theta}\right) - \rho(x)\frac{\partial^2 u_i}{\partial t^2} = 0 \qquad (5-9)$$

5.1.4 三维柱坐标系下杆体波动方程求解及分析

在锚杆底端托盘处施加瞬态激励,通过其次化原理,可转化为如下初始条件:

$$\begin{cases} u(r,0) = 0 \\ \dfrac{\partial u}{\partial t}(r,0) = \dfrac{Q\delta(r)}{A\rho} \end{cases} \quad (0 \leqslant r \leqslant l)$$

其中,A 为锚杆截面面积;ρ 为锚杆密度;Q 为锚杆尾端的瞬态激励的冲量;$\delta(r)$ 为 Dirac 函数。下面对柱坐标系下三维非均匀各向同性杆体波动方程求解,在一般情况下,令某些常数为 0,可得出特殊情况相应的结果,保留这些常数是为了便于分析它们对解的振型、频率和衰减性的影响。

根据瞬态冲击锚杆尾端托盘时,锚杆端锚的锚固条件,确定初始条件为自由端自由、锚固端固定:

$$\left.\frac{\partial u}{\partial r}\right|_{r=0} = \frac{Q\delta(r)}{A\rho} \qquad u\big|_{r=l} = 0$$

相应的特征函数为

$$\cos\sqrt{\lambda_n}x \quad (n = 1,2,\cdots)$$

其中,λ_n 是方程 $\tan(\sqrt{\lambda}l) = \dfrac{k_0}{EA\sqrt{\lambda}}$ 的第 n 个正根。

此时有

$$u(r,\theta,z) = \sum_{n=1}^{\infty} \frac{2Q}{\omega_n lA\rho} e^{\frac{c}{2A\rho}} \sin\omega_n t\cos \sqrt{\lambda_n}r\sin\theta$$

$$= \frac{2Q}{M}e^{-\eta t}\sum_{n=1}^{\infty} \frac{1}{\omega_n}\sin\omega_n t\cos \sqrt{\lambda_n}r\sin\theta \qquad (5-10)$$

式中，M 为锚杆质量；η 为锚固剂相关参数，$\eta = \dfrac{c}{2\rho A}$，$Q$ 为瞬态激励的冲量。

将锚杆某点坐标代入，即可求得某点的速度和加速度响应：

$$a(t) = \frac{2Q}{M}e^{-\eta t}\sum_{n=1}^{\infty} \frac{\eta^2\sin\omega_n t - 2\eta\omega_n\cos\omega_n t - \omega_n^2\sin\omega_n t}{\omega_n} \qquad (5-11)$$

上述加速度响应方程的函数图像对应锚杆位置如图 5-1 所示。

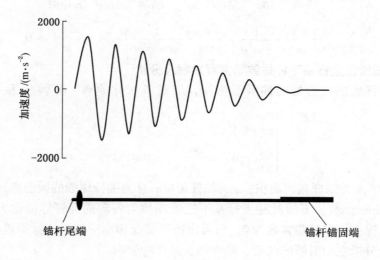

图 5-1　加速度方程函数图像

5.2　锚固体波导特性数值模拟

本章锚固体波导特性数值模拟采用 Abaqus 软件进行数值模拟，模拟方案从第三章正交设计出的 25 种数值模拟方案中选取 5 种，这 5 种数值模拟方案分别对应锚固剂密实度为 100%、80%、60%、40% 和 20%。因此，选取的数值模拟方案为方案 1、方案 8、方案 9、方案 15 和方案 24。

5.2.1　方案 1 锚固体波导特性数值模拟

　　方案 1 的影响因素组合情况见表 3 - 3，其中各层位物理力学性质见表 3 - 2。根据上述表述，可在 Abaqus 软件中建立如图 5 - 2 所示的模型。

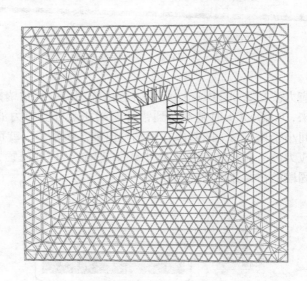

图 5 - 2　方案 1 锚固体波导特性数值模拟模型

　　1. 计算步骤

　　（1）步骤一：在模型中间开挖梯形巷道，并在顶板和两帮装配锚杆。

　　（2）步骤二：对左右两边界和下边界施加位移约束，然后在上边界和左右两边界分别施加垂直应力和水平应力，并计算至应力平衡。

　　（3）步骤三：在顶板锚杆尾端托盘处施加一个瞬态激励，即将应力波加载在锚杆尾端。

　　（4）步骤四：监测锚杆尾端、中间点和锚固端（距锚杆顶端 0.4 m 处）波动的加速度，并输出监测结果进行对比分析。

　　2. 结果分析

　　由于图 5 - 2 中模型较大，锚杆显示不清晰，现将顶板中间锚杆单独提取出来，锚杆锚固端的模拟由施加边界约束实现。锚杆的网格示意如图 5 - 3 所示。

　　在 Abaqus 软件中，于锚杆尾端托盘处对锚杆施加一个瞬态激励，锚杆尾端托盘处发生振动并向深部传递，数值模拟激励传导示意如图 5 - 4 所示。可见激

锚固段0.8m

图5-3　方案1锚固体波导特性锚杆模型

励产生的应力波在0.00245~0.00385 s进入锚固端，经过锚杆顶端后，波发生反射传递回来，0.00630 s时基本回到锚杆尾端托盘处。应力波在锚杆杆体内传播一次的时间小于0.01 s，即基本在尾端给出瞬态激励后，就可以在尾端检测到激励产生的应力波。对比选取的5个时刻的应力波传递的位置，可以大致判断出应力波在锚固段的传播速度快于自由段。

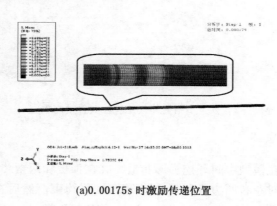

(a)0.00175 s时激励传递位置

(b)0.00245 s时激励传递位置

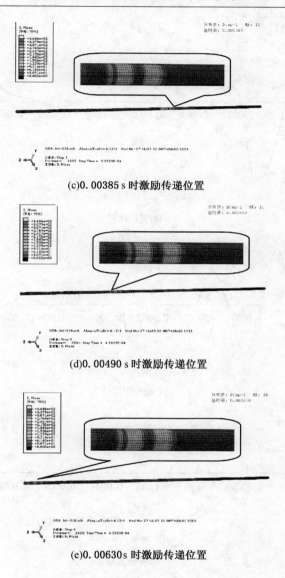

(c)0.00385 s 时激励传递位置

(d)0.00490 s 时激励传递位置

(e)0.00630s 时激励传递位置

图 5 - 4　数值模拟激励传导示意图

　　方案 1 中的锚固剂密实度为 100% ，所以锚固长度经过计算后应为 0.8 m。在锚杆上选取 3 个点，第一点位于锚杆尾端托盘处，第二点位于锚杆中点，第三点位于锚杆锚固端距锚杆顶端 0.4 m 处（锚固段中点）。图 5 - 5 所示为 3 个点的波动加速度结果图。

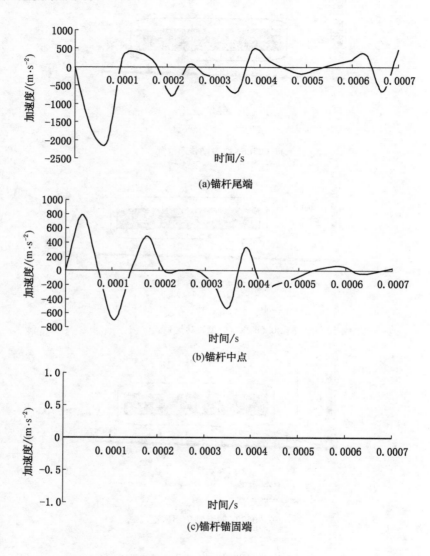

(a)锚杆尾端

(b)锚杆中点

(c)锚杆锚固端

图 5-5 监测点加速度

由图 5-5 可知，由于瞬态激励施加在锚杆尾端，故锚杆尾端的监测点加速度相对较大，经过波在锚杆内部的传输，波的频散现象，导致锚杆中点的加速度减小，锚固端的加速度最小。但加速度减小的幅度不大，说明锚杆锚固段的锚固剂较为密实，锚杆整体保持完整。

5.2.2 方案 8 锚固体波导特性数值模拟

方案 8 的影响因素组合情况见表 3-3，其中各层位物理力学性质见表 3-2。根据上述表述，在 Abaqus 软件中建立如图 5-6 所示的模型。

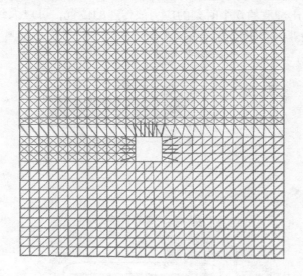

图 5-6 方案 8 锚固体波导特性数值模拟模型

1. 计算步骤

方案 8 的计算步骤与方案 1 相同。

2. 结果分析

由于图 5-6 中模型较大，锚杆显示不清晰，现将顶板中间锚杆单独提取出来，锚杆锚固端的模拟由施加边界约束实现。锚杆的网格示意如图 5-7 所示。

锚固段0.64m

图 5-7 方案 8 锚固体波导特性锚杆模型

在 Abaqus 软件中，于锚杆尾端托盘处对锚杆施加一个瞬态激励，锚杆尾端托盘处发生振动并向深部传递。数值模拟激励传导示意如图 5-8 所示。可见激励产生的应力波在 0.00245~0.00385 s 进入锚固端，经过锚杆顶端后，波发生反射传递回来，0.00700 s 时基本回到锚杆尾端托盘处。应力波在锚杆杆体内传播一次的时间小于 0.01 s，即基本在尾端给出瞬态激励后，就可以在尾端检测到激励产生的应力波，但相对于方案 1 中，方案 8 中应力波的传递速度变慢，时间稍长 0.0007 s。对比选取的 6 个时刻的应力波传递的位置，可以大致判断出应力波在锚固段的传播速度快于自由段。

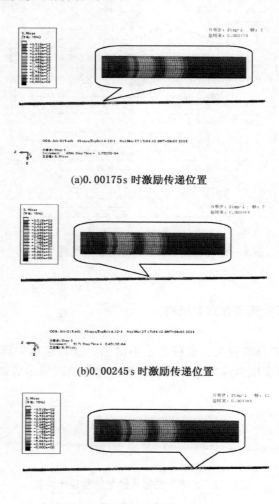

(a)0.00175 s 时激励传递位置

(b)0.00245 s 时激励传递位置

(c)0.00385 s 时激励传递位置

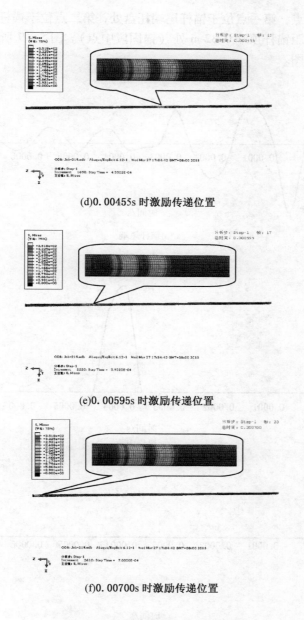

(d)0.00455s 时激励传递位置

(e)0.00595s 时激励传递位置

(f)0.00700s 时激励传递位置

图 5-8　数值模拟激励传导示意图

方案 8 中的锚固剂密实度为 80%，所以锚固长度经过计算后应为 0.8 m。在锚杆上选取 3 个点，第一点位于锚杆尾端托盘处，第二点位于锚杆中点，第三点位于锚杆锚固端距锚杆顶端 0.32 m 处（锚固段中点）。图 5 - 9 所示为 3 个点的波动加速度结果图。

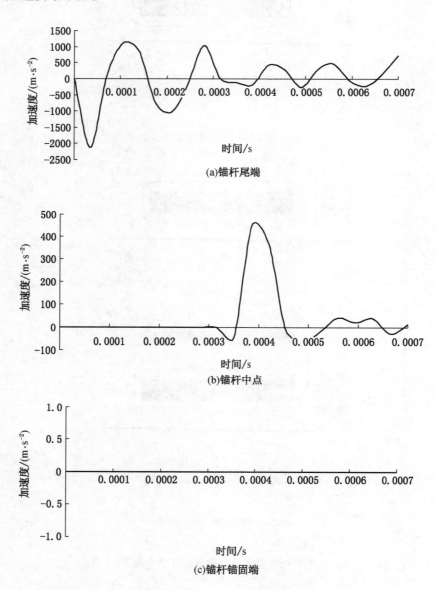

图 5 - 9　监测点加速度

由图 5-9 可知，由于瞬态激励施加在锚杆尾端，故锚杆尾端的监测点加速度相对较大，经过波在锚杆内部的传输，波的频散现象，导致锚杆中点的加速度减小，锚固端的加速度持续为 0，即在锚固段内传播速度不变，属于理想状态。但加速度减小的幅度不大，说明锚杆锚固段的锚固剂较为密实，锚杆整体保持完整。同时，从锚杆中点处的加速度曲线图可知，此方案中应力波在锚杆中点传播时，加速度在某时刻发生突变，是因为锚杆受顶板下沉影响后，在中点发生部分变形，引起应力波传递的加速度突变。分析可知，此方案中的锚杆受到了较小的破坏，但整体完整性较好。

5.2.3　方案 9 锚固体波导特性数值模拟

方案 9 的影响因素组合情况见表 3-3，其中各层位物理力学性质见表 3-2。根据上述表述，可在 Abaqus 软件中建立如图 5-10 所示的模型。

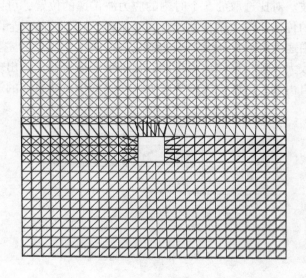

图 5-10　方案 9 锚固体波导特性数值模拟模型

1. 计算步骤

方案 9 与前两个方案的模拟计算步骤相同。

2. 结果分析

由于图 5-10 中模型较大，锚杆显示不清晰，现将顶板中间锚杆单独提取出来，锚杆锚固端的模拟由施加边界约束实现。锚杆的网格示意如图 5-11 所示。

图 5 – 11　方案 9 锚固体波导特性锚杆模型

　　在 Abaqus 软件中，于锚杆尾端托盘处对锚杆施加一个瞬态激励，锚杆尾端托盘处发生振动并向深部传递。数值模拟激励传导示意如图 5 – 12 所示。可见激励产生的应力波在 0.00245 ～ 0.00490 s 进入锚固端，经过锚杆顶端后，波发生反射传递回来，0.00660 s 时基本回到锚杆尾端托盘处。应力波在锚杆杆体内传播一次的时间小于 0.01 s，即基本在尾端给出瞬态激励后，就可以在尾端检测到激励产生的应力波。对比选取的 5 个时刻的应力波传递的位置，可以大致判断出应力波在锚固段的传播速度快于自由段。同时从图 5 – 12 的前 3 个图中可知，锚杆在自由端的传递速度有一个从大到小的变化，造成这个现象的主要原因是方案 9 的顶板下沉量较大，顶板层间出现离层，锚杆随着顶板变形而出现轻微变形，主要变形发生在自由端，因此，出现了应力波在锚杆自由端速度的震荡减小。

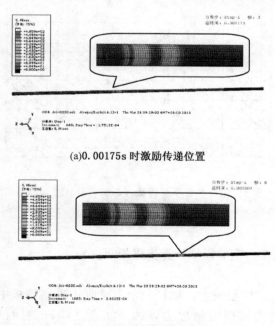

(a)0.00175s 时激励传递位置

(b)0.00280s 时激励传递位置

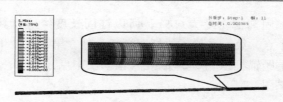

(c)0.00385s 时激励传递位置

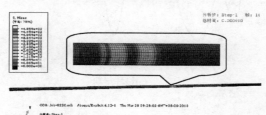

(d)0.00490s 时激励传递位置

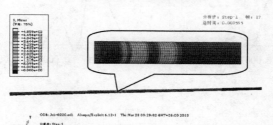

(e)0.00595s 时激励传递位置

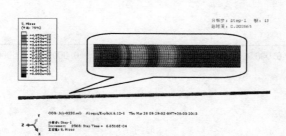

(f)0.00660s 时激励传递位置

图5-12　数值模拟激励传导示意图

方案 9 中的锚固剂密实度为 60%，所以锚固长度经过计算后应为 0.48 m。在锚杆上选取 3 个点，第一点位于锚杆尾端托盘处，第二点位于锚杆中点，第三点位于锚杆锚固端距锚杆顶端 0.24 m 处（锚固段中点）。图 5 – 13 所示为 3 个点的波动加速度结果图。

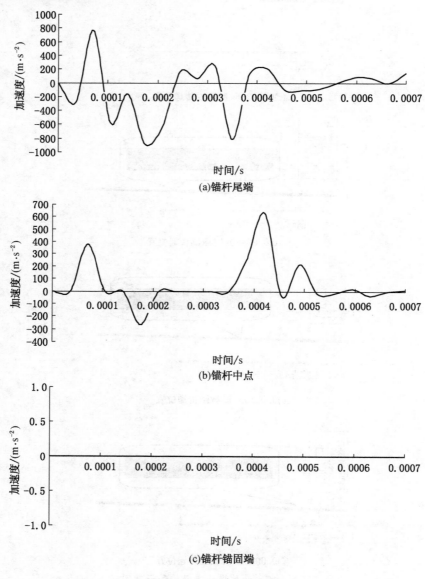

(a)锚杆尾端

(b)锚杆中点

(c)锚杆锚固端

图 5 – 13 监测点加速度

由图 5 – 13 可知，由于瞬态激励施加在锚杆尾端，故锚杆尾端的监测点加速度刚开始较大，然后逐渐趋于平缓，经过波在锚杆内部的传输，由于波的频散现象，应力波传至锚杆中点时，加速度减小，减小过程中出现震荡，局部增大，随后继续减小。锚固端的加速度最小，保持在 0，说明应力波速度在此段没有变化。锚杆因为顶板的离层变形发生一定程度的损伤，自由段部分杆体变形相对严重，接近失效。锚固段没有太大变形，依然黏结于岩层当中。

5.2.4　方案 15 锚固体波导特性数值模拟

方案 15 的影响因素组合情况见表 3 – 3，其中各层位的物理力学性质见表 3 – 2。根据上述表述，可在 Abaqus 软件中建立如图 5 – 14 所示的模型。

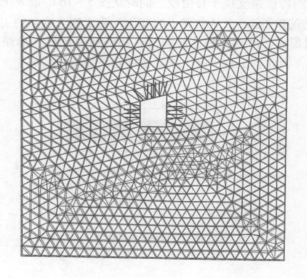

图 5 – 14　方案 15 锚固体波导特性数值模拟模型

1. 计算步骤

方案 15 的模拟计算步骤与前几个方案相同。

2. 结果分析

由于图 5 – 14 中模型较大，锚杆显示不清晰，现将顶板中间锚杆单独提取出来，锚杆锚固端的模拟由施加边界约束实现。锚杆的网格示意如图 5 – 15 所示。

在 Abaqus 软件中，于锚杆尾端托盘处对锚杆施加一个瞬态激励，锚杆尾端托盘处发生振动并向深部传递。数值模拟激励传导示意如图 5 – 16 所示。可见激励产生的应力波在 0.00245 ~ 0.00490 s 进入锚固端，经过锚杆顶端后，波发生反

锚固段0.32m

图 5-15　方案 15 锚固体波导特性锚杆模型

射传递回来，0.00660 s 时基本回到锚杆尾端托盘处。应力波在锚杆杆体内传播一次的时间小于 0.01 s，即基本在尾端给出瞬态激励后，就可以在尾端检测到激励产生的应力波。对比选取的 5 个时刻的应力波传递的位置，可以大致判断出，应力波在锚固段的传播速度快于自由段。同时从图 5-16 的前 3 个图中可知，锚杆在自由端的传递速度有一个从大到小的变化，造成这个现象的主要原因是方案 15 的顶板下沉量很大，部分顶板已经冒落，锚杆随着顶板变形而变形，主要变形发生在自由端，因此，出现了应力波在锚杆自由端速度的突变。

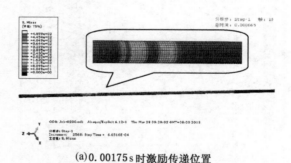

(a)0.00175 s 时激励传递位置

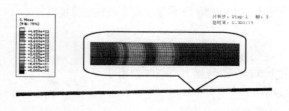

(b)0.00280 s 时激励传递位置

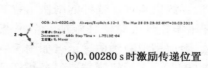

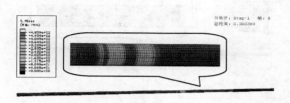

(c) 0.00385 s时激励传递位置

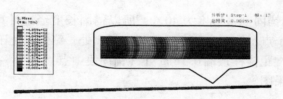

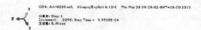

(d) 0.00490 s时激励传递位置

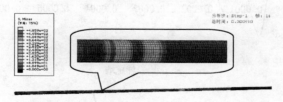

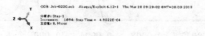

(e) 0.00595 s时激励传递位置

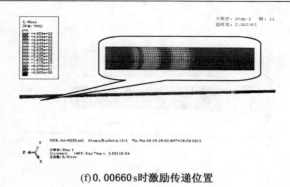

(f) 0.00660 s时激励传递位置

图 5 - 16　数值模拟激励传导示意图

方案 15 中的锚固剂密实度为 40% ，所以锚固长度经过计算后应为 0.32 m。在锚杆上选取 3 个点，第一点位于锚杆尾端托盘处，第二点位于锚杆中点，第三点位于锚杆锚固端距锚杆顶端 0.16 m 处（锚固段中点）。图 5 - 17 所示为 3 个点的波动加速度结果图。

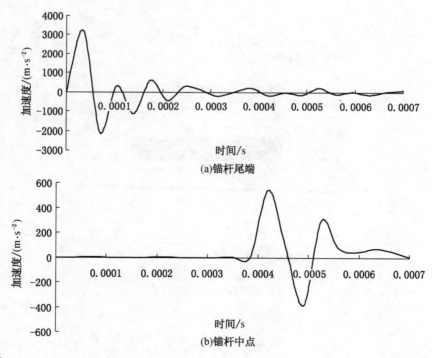

(a) 锚杆尾端

(b) 锚杆中点

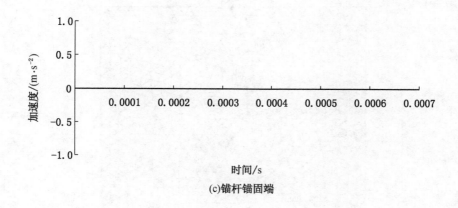

(c)锚杆锚固端

图 5 - 17　监测点加速度

　　由图 5 - 15 可知，由于瞬态激励施加在锚杆尾端，故锚杆尾端的监测点加速度刚开始较大，然后经过波在锚杆内部的传输，波的频散现象，迅速衰减变小。应力波传导至锚杆中点时，加速度减小，一开始维持在 0，随后出现了明显的突变，加速度急剧增大。锚固端的加速度最小，保持在 0，说明应力波速度在此段没有变化。锚杆因为顶板的冒落变形发生一定程度的破坏，自由段部分杆体变形较为严重，已经失效。锚固段虽然没有太大变形，依然黏结于岩层当中，但已经不起作用。

5.2.5　方案 24 锚固体波导特性数值模拟

　　方案 24 的影响因素组合情况见表 3 - 3，其中各层位的物理力学性质见表 3 - 2。根据上述表述，可在 Abaqus 软件中建立如图 5 - 18 所示的模型。

　　1. 计算步骤

　　方案 24 的模拟计算步骤与前几个方案相同。

　　2. 结果分析

　　由于图 5 - 18 中模型较大，锚杆显示不清晰，现将顶板中间锚杆单独提取出来，锚杆锚固端的模拟由施加边界约束实现。锚杆的网格示意如图 5 - 19 所示。

　　在 Abaqus 软件中，于锚杆尾端托盘处对锚杆施加一个瞬态激励，锚杆尾端托盘处发生振动并向深部传递。数值模拟激励传导示意如图 5 - 20 所示。可见激励产生的应力波在 0.00245 ~ 0.00490 s 进入锚固端，经过锚杆顶端后，波发生反射传递回来，0.00660 s 时基本回到锚杆尾端托盘处。应力波在锚杆杆体内传播一次的时间小于 0.01 s，即基本在尾端给出瞬态激励后，就可以在尾端检测到激

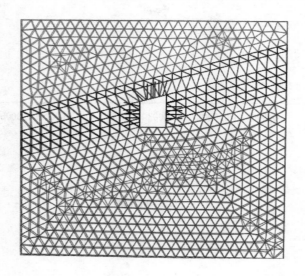

图 5 - 18   方案 24 锚固体波导特性数值模拟模型

图 5 - 19   方案 24 锚固体波导特性锚杆模型

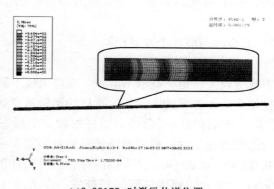

(a)0.00175s 时激励传递位置

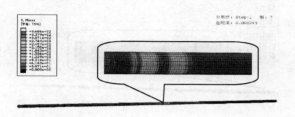

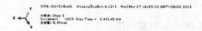

(b)0.00245s 时激励传递位置

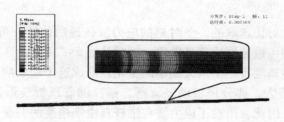

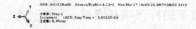

(c)0.00385s 时激励传递位置

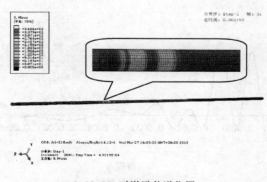

(d)0.00490s 时激励传递位置

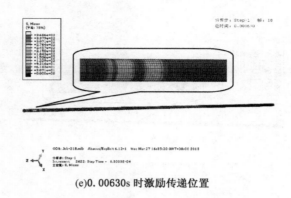

(e)0.00630s 时激励传递位置

图 5 - 20　数值模拟激励传导示意图

励产生的应力波。对比选取的 5 个时刻的应力波传递的位置，可以大致判断出，应力波在锚固段的传播速度快于自由段。同时从图 5 - 20 的前 3 个图中可知，锚杆在自由端的传递速度有一个从大到小的变化，造成这个现象的主要原因是方案 24 的顶板下沉量很大，部分顶板已经冒落，锚杆随着顶板变形而变形，主要变形发生在自由端，因此，出现了应力波在锚杆自由端速度的突变。

方案 24 中的锚固剂密实度为 20%，所以锚固长度经过计算后应为 0.16 m。在锚杆上选取 3 个点，第一点位于锚杆尾端托盘处，第二点位于锚杆中点，第三点位于锚杆锚固端距锚杆顶端 0.08 m 处（锚固段中点）。图 5 - 21 所示为 3 个点的波动加速度结果图。

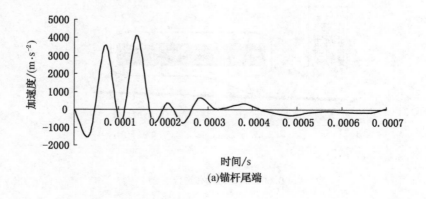

时间/s

(a)锚杆尾端

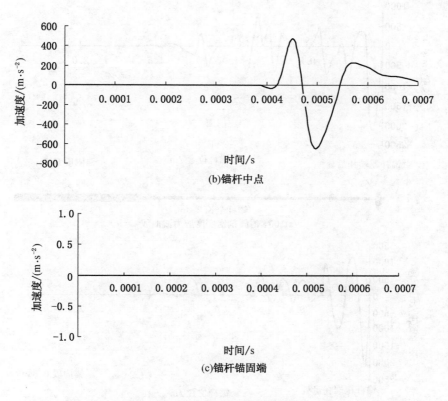

图 5 – 21   监测点加速度

由图 5 – 21 可知，由于瞬态激励施加在锚杆尾端，故锚杆尾端的监测点加速度刚开始较大，然后迅速趋于平缓，经过波在锚杆内部的传输，波的频散现象，应力波传导至锚杆中点时，加速度减小，一开始维持在 0，随后出现了明显的突变，加速度急剧增大。锚固端的加速度最小，保持在 0，说明应力波速度在此段没有变化。锚杆因为顶板的冒落变形发生一定程度的破坏，自由段部分杆体变形较为严重，已经失效。锚固段虽然没有太大变形，依然黏结于岩层当中，但已经不起作用。

5.2.6   数值模拟综合对比分析

上述 5 个数值模拟方案分别对应锚固剂密实度 100%、80%、60%、40% 和 20% 的情况，下面将这 5 个方案综合对比分析。把 5 种方案中的锚杆受到瞬态激励后，应力波传导的波形图进行对比（图 5 – 22）。

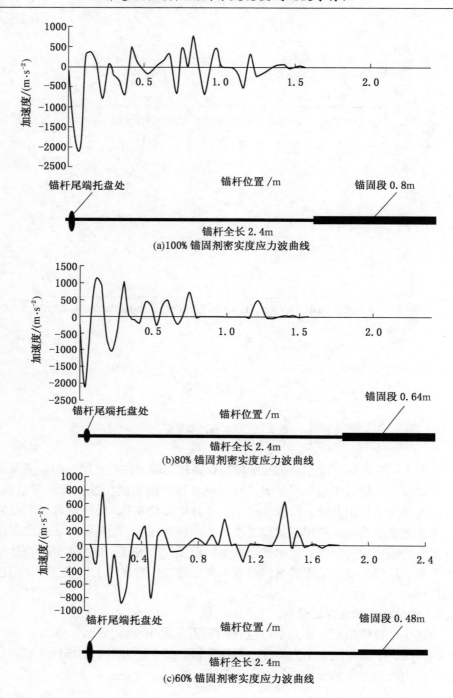

(a)100% 锚固剂密实度应力波曲线

(b)80% 锚固剂密实度应力波曲线

(c)60% 锚固剂密实度应力波曲线

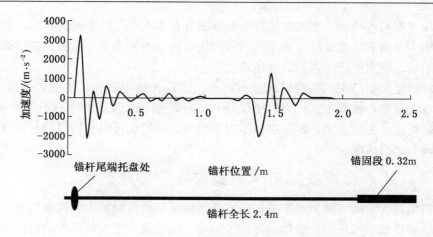

(d)40%锚固剂密实度应力波曲线

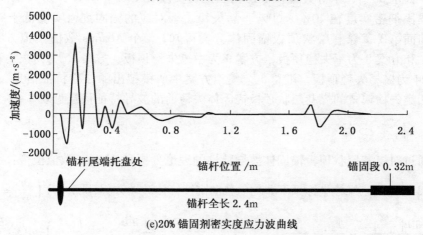

(e)20%锚固剂密实度应力波曲线

图 5-22 不同锚固剂密实度锚杆内应力波传播情况

通过图 5-22 可知，应力波传播的加速度在激发的自由端最大，随后向深部传递时逐渐减小。当传递至锚固端时，由于锚固端黏结于岩层当中，形成完整的锚固体，相当于固定在岩层中，不能自由振动，此时，应力波的加速度减小至 0。

通过不同锚固剂密实度的对比，可以清晰地看出，锚固剂较密实时，锚杆锚固效果较好，锚杆本身没有发生破坏，应力波传播曲线接近式（5-11）所得曲线，应力波衰减的频率基本恒定，至锚固端衰减为 0。锚固剂密实度较差时，锚固效果不好，导致顶板下沉过大，锚杆本身破断失效，此时，应力波传播的加速度衰减速度有所增加，衰减至锚杆中部破断处基本为 0，过了破断处后，加速度急剧增大，然后急速衰减，直至达到锚固端时再次衰减为 0。说明，锚杆失效或者破断后，应力波产生强烈的波形畸变。

对数值模拟结果的综合对比分析可知，锚杆在锚固端的应力波加速度为 0，将来在实际生产检测中，可以利用仪器对锚杆的锚固长度进行大致判断。此外，锚杆破断处产生应力波，加速度波形发生畸变，我们也可以利用仪器对锚杆的失效及破断进行检测。

5.3　煤巷层状顶板锚固体失稳前波导前兆信息汇总

根据第 3 章数值模拟结果分析和反分析四类顶板可能的影响因素组合，可得四类煤巷层状顶板所对应的锚固体锚固剂密实度情况：不失稳顶板的锚固剂密实度至少大于 80%，中等失稳顶板的锚固剂密实度在 60% ~ 80%，易失稳顶板对应的锚固剂密实度在 40% ~ 60%，易失稳顶板对应的锚固剂密实度低于 40%。根据前面第 3 章煤巷层状顶板锚固体分类可知，5 个 Abaqus 数值模拟方案中，方案 1 和方案 8 为不失稳顶板，方案 9 为中等失稳顶板，方案 15 为易失稳顶板，方案 24 为极易失稳顶板，汇总 5 个模拟方案中所模拟出的波导特征信息，对应可知四类失稳模式的煤巷层状顶板锚固体失稳前的波导特征信息见表 5 - 1。

5.4　本章小结

通过对煤巷层状顶板锚固体波导特性的理论分析和 Abaqus 数值模拟：

（1）得到三维柱坐标系下非均匀各向同性杆体波动方程，即 $\lambda(x)\left(\dfrac{\partial r}{\partial x_i} + \dfrac{\partial \theta}{\partial x_i} + \right.$

$\left. \dfrac{\partial z}{\partial x_i}\right)\left(\dfrac{\partial^2 u_i}{\partial r^2} \cdot \dfrac{1}{\cos\theta} - \dfrac{\partial^2 u_i}{\partial r\partial\theta} \cdot \dfrac{1}{r\sin\theta}\right) + \sum\limits_{i=1}^{3}\dfrac{\partial}{\partial x_i}\left(\dfrac{\partial^2 u_i}{\partial r^2} \cdot \dfrac{1}{\cos^2\theta} - \dfrac{\partial^2 u_i}{\partial r\partial\theta} \cdot \dfrac{1}{r\sin\theta\cos\theta}\right) - \rho(x)\dfrac{\partial^2 u_i}{\partial t^2} =$ 0，对该方程求解，计算出理想状态下锚杆内部应力波传递的加速度函数曲线。

（2）通过 Abaqus 模拟分析，对 5 种方案中不同锚固剂密实度情况分别进行研究，得出锚杆完整性较好时，应力波在锚杆尾部加速度最大，然后逐渐减小，直至锚杆锚固段时减小为 0。锚杆自身损伤甚至发生破断时，应力波在破断处先减小为 0，然后发生畸变，迅速增大后又急剧减小。

（3）将 5 种数值模拟方案相互对比分析并且与前面第 3 章数值模拟和第 4 章相似模拟相对应，得出四类失稳模式的煤巷层状顶板锚固体失稳的波导前兆信息。

5 煤巷层状顶板树脂锚杆波导特性

表 5-1 煤巷层状顶板锚固体失稳前波导信息

顶板类型	锚固剂密实度/%	波导前兆信息	波形示意图
不失稳顶板	>80	应力波加速度在锚杆尾部最大，然后逐渐减小，直至锚固段减小为0	
中等失稳顶板	60~80	应力波加速度在锚杆尾部最大，然后逐渐减小，减小过程中局部出现震荡，整体趋势不变，直至锚固段减小为0	
易失稳顶板	40~60	应力波加速度在锚杆尾部最大，然后急剧减小，某位置由于锚杆损伤破断减小为0，之后出现畸变突然变大，随后急剧减小，至锚杆锚固段减小为0	
极易失稳顶板	<40	应力波加速度在锚杆尾部最大，然后急剧减小为0并维持此值，直至靠近锚固段时发生畸变略微增大，随后进入锚固段减小为0	

6 锚固体锚固质量无损检测数 值 模 拟

　　数值模拟可以连续地、动态地、重复地显示事物的发展，并且可以重复这种操作过程，可以显示出结构内部的一些物理现象，节省实验材料，模拟现实中难以实施的实验，为实验方案的科学定制及实验过程中测点的最佳位置、物体结构最佳受力状态等的确定提供理论指导和试验参考。

　　有限元法是目前应用最广泛的一种数值模拟方法，有限元法包括动力有限元和结构有限元法，有限元法是利用微分方程的边值问题等价于泛函变分的基础上进行数值解的计算方法。本书利用大型有限元计算程序在锚杆自由端施加荷载，模拟应力波在锚杆体内的传播过程，对不同工况下的反射波进行研究。

6.1　应力波在自由锚杆中的传播

6.1.1　自由状态下锚杆长度检测

　　锚杆顶端施加一激振力 F，激振效应会在锚杆体中引起应力波，根据工程波动理论，应力波会沿着锚杆体传播，在锚杆底端发生反射，并在锚杆体中循环往复传播，直到锚杆体中应力波衰减至零。对于自由状态下的锚杆，施加激振如图6-1所示，在一点施加激振，然后在同一点对经底端反射回来的应力波进行接收。

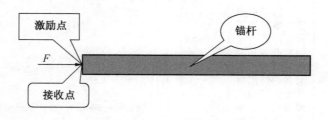

图6-1　锚杆中应力波产生与接收示意图

用 Abaqus 数值模拟软件对自由状态锚杆建立模型，选择煤矿巷道中常用的直径 18 mm、长 2 m 螺纹钢锚杆建立模型。为了接近真实情况，采用三维实体模型，应力波模拟对网格划分有严格的要求，网格划分越小计算结果越准确，但是单元越小计算量越大，因此，网格划分采用计算量一般，网格适中。建立的模型和划分的网格如图 6 - 2 所示。

(a) 建立模型　　　　　　　　　　(b) 网格划分

图 6 - 2　建立锚杆模型

Abaqus 软件中模拟要定义材料的特性参数，模型的材料参数应当和实际材料的参数相当，查阅《机械工程材料》手册，螺纹钢锚杆自身参数见表 6 - 1。

表 6 - 1　螺 纹 钢 锚 杆 参 数

材　料	密度 ρ	弹性模量 E	泊松比 μ
螺纹钢	7.85 g/m³	210 GPa	0.25

采用振动测试技术对物体进行无损故障检测时，所施加的激振力大多为正弦波的冲击力，因此建立数值模型时需要在锚杆一端的节点上施加纵向载荷。正旋激励信号的数学表达式为

$$F(t)=\begin{cases}100\sin10^4\pi t & 0\leqslant t\leqslant0.0002\\0 & t\geqslant0.0002\end{cases} \qquad (6-1)$$

式中，t 为施加激振力时间。激振力变化如图 6 - 3 所示。

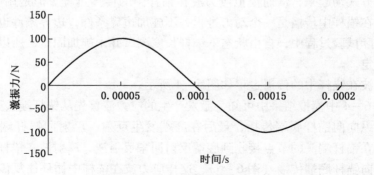

图 6 - 3　瞬态激振力变化

数值计算过程中，在时间 0 到 0.0001 之间等间隔取 10 个点，输入到 Abaqus 数值模拟软件中，激振力大小见表 6-2。

表 6-2 激振信号取值

时间/s	力/N	时间/s	力/N
0	0	0.00011	-30.9017
0.00001	30.9017	0.00012	-58.7785
0.00002	58.7785	0.00013	-80.9017
0.00003	80.9017	0.00014	-95.1057
0.00004	95.1057	0.00015	-100
0.00005	100	0.00016	-95.1057
0.00006	95.1057	0.00017	-80.9017
0.00007	80.9017	0.00018	-58.7785
0.00008	58.7785	0.00019	-30.9017
0.00009	30.9017	0.0002	0
0.0001	0	0	0

应力波传播过程的模拟实际就是模拟振动在锚杆中的传播过程，在以往的模拟过程中，实际上大多数都是在锚杆端部施加一个位移约束，主要是让锚杆以加载激振的方式动起来，从而模拟应力波在锚杆中的传播过程。但是用 Abaqus 模拟应力波在锚杆中传播是一个动力过程，不施加边界条件，边界条件也不会产生影响。实际试验过程中，自由状态下锚杆长度测试并未施加固定，所以模拟中底端也未固定。

应力波在锚杆中的传播过程如图 6-4 所示。

从图 6-4 中模拟结果中可知，激发产生的应力波首先从锚杆端头开始传播，沿着锚杆纵向向锚杆底端传播，最后在底端发生反射，反射回锚杆端头开始位置，然后在锚杆端头的节点接收到底端反射回来反射波，反射波在锚杆端头又发生反射，向锚杆底端传播（图 6-5），这样应力波在锚杆中循环往复传播，直至应力波衰减至零。

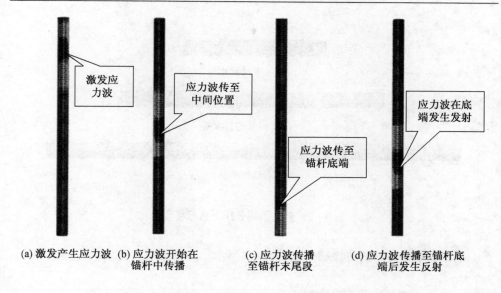

(a) 激发产生应力波　(b) 应力波开始在　　　　(c) 应力波传播　　　(d) 应力波传播至锚杆底
　　　　　　　　　锚杆中传播　　　　　　　至锚杆末尾段　　　　　端后发生反射

图6-4　应力波在锚杆中传播过程

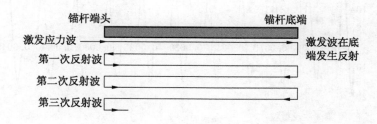

图6-5　应力波在锚杆体中传播方式

　　根据锚杆中应力波反射计算锚杆自由状态长度，建立三种方案（表6-3），建立三种模型（图6-6）。

表6-3　建立锚杆方案

方案	锚杆尺寸
方案一	锚杆长1 m，直径18 mm
方案二	锚杆长2 m，直径18 mm
方案三	锚杆长3 m，直径18 mm

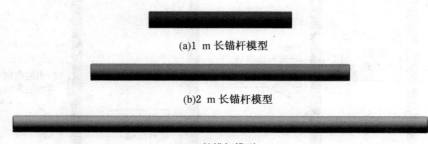

(a)1 m 长锚杆模型

(b)2 m 长锚杆模型

(c)3 m 长锚杆模型

图6-6 建立不同长度下锚杆模型

应力波在方案一的传播结果如图6-7所示。

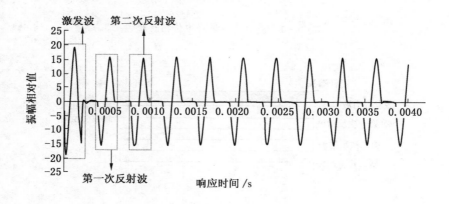

图6-7 应力波在方案1中波形传播示意图

从应力波的传播图中可知,初始波和第一次反射波的时间间隔为 0.00041 s,根据公式 $L = V \times \Delta T / 2 = 5102 \times 0.00041 / 2 = 1.046$ m。

由图6-7,在锚杆端头节点处施加一激振力之后,节点处首先会接收到激发波,由振动产生的应力波向锚杆体中传播时,反射到锚杆端头的反射波在节点处被接收到,应力波在锚杆中每反射一次,节点就会接收一次反射波,依次会接收到第 N 次反射波,直至应力波在锚杆中衰减至零。

应力波在方案二的传播结果如图6-8所示。

从应力波的传播图中可知,激发波和第一次反射波的时间间隔为 0.00077 s,

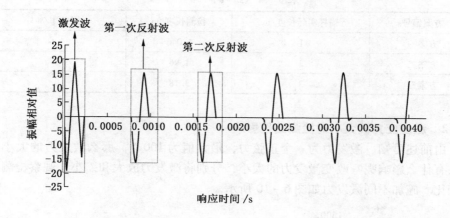

图 6 - 8 应力波在方案 2 中波形传播示意图

根据公式 $L = V \times \Delta T/2 = 5102 \times 0.00077/2 = 1.96$ m。

应力波在方案三的传播结果如图 6 - 9 所示。

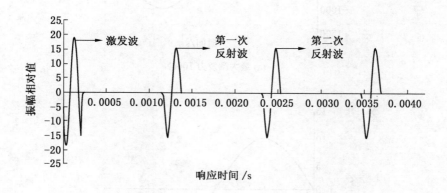

图 6 - 9 应力波在方案 3 中波形传播示意图

从应力波的传播图中可知,初波和第一次反射波的时间间隔为 0.0013 s,根据公式 $L = V \times \Delta T/2 = 5102 \times 0.00125/2 = 3.18$ m。检测结果见表 6 - 4。

从数值模拟对自由状态下锚杆检测结果可知,误差在 6% 以内,结果较准确,证明可以采用应力波反射原理对自由状态下锚杆长度进行检测。

表6-4 检 测 结 果

方案编号	锚杆实际长度/m	检测长度/m	误差率/%
方案一	1	1.046	4.6
方案二	2	1.96	2
方案三	3	3.18	6

6.1.2 激发应力波大小对检测结果影响

由前述可知，激发力为一个正弦力，最大值为 100 N，那么激发力的大小对结果有什么影响呢？改变激发力的大小，分别将激发力放大和缩小，观察检测结果变化。施加不同激发力如图 6-10 所示。

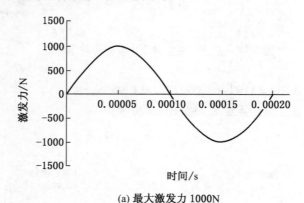

(a) 最大激发力 1000N

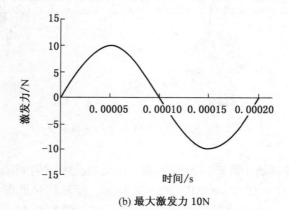

(b) 最大激发力 10N

图 6-10 施加的不同激发力

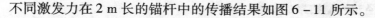

不同激发力在 2 m 长的锚杆中的传播结果如图 6 – 11 所示。

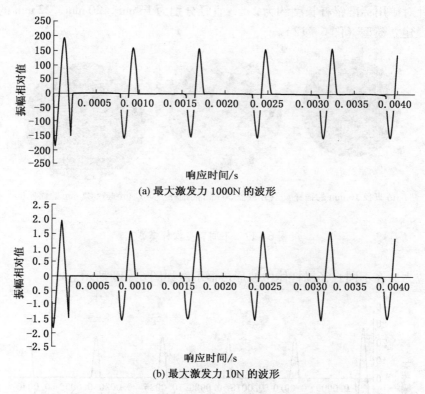

(a) 最大激发力 1000N 的波形

(b) 最大激发力 10N 的波形

图 6 – 11　应力波在不同激发力作用下波形传播示意图

对比图 6 – 11a、图 6 – 11b 图可知，应力波在不同激发力状况下传播的波形形状相同，初波和第一次反射波的时间差 ΔT 均为 0.00077 s，根据公式 $L = V \times \Delta T/2 = 5102 \times 0.000765/2 = 1.96$ m，误差仅为 2%，结果说明激发力的变化对长度检测的结果没有影响。但是对比两个波形可知，不同激发力状况下反射波的振幅最大值不同，最大激发力为 1000 N 时，振幅最大值为 180，最大激发力为 100 N 时，振幅最大值为 18，最大激发力为 10 N 时，振幅最大值为 1.8，说明激发力越大，反射波的振幅最大值越大，激发力成倍数关系时，相应反射波的振幅最大值也成相应的倍数。

既然应力波反射原理可以对直径 18 mm 的锚杆进行较准确的长度检测，激发力大小对长度检测的结果没有影响，那么对于不同直径的锚杆，检测结果会有影响吗？

6.1.3　锚杆直径对检测结果的影响

针对矿用标准锚杆长度约为 2 m，直径分别为 16 mm、20 mm、22 mm 的三种锚杆，建立模型（图 6 - 12）。

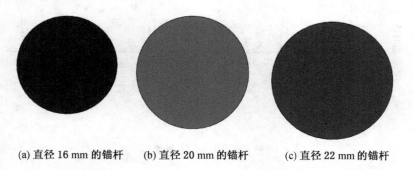

(a) 直径 16 mm 的锚杆　　　(b) 直径 20 mm 的锚杆　　　(c) 直径 22 mm 的锚杆

图 6 - 12　不同直径锚杆模型

应力波在不同直径锚杆体中波形传播示意如图 6 - 13 所示。

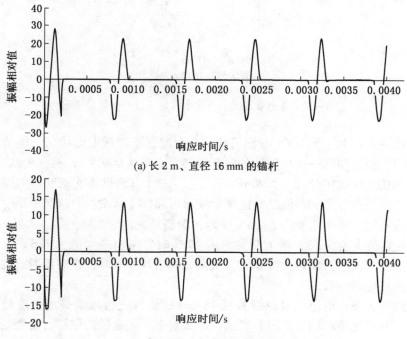

(a) 长 2 m、直径 16 mm 的锚杆

(b) 长 2 m、直径 20 mm 的锚杆

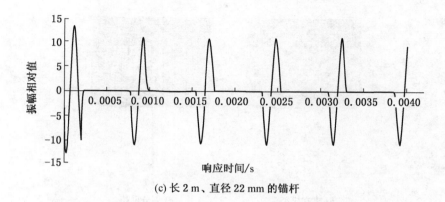

(c) 长 2 m、直径 22 mm 的锚杆

图 6 – 13 应力波在不同直径锚杆中波形传播示意图

从图 6 – 13 中可知，应力波在 3 种锚杆中传播的波形形状相同，初波和第一次反射波的时间差 ΔT 均为 0.000765 s，根据公式 $L = V \times \Delta T/2 = 5102 \times 0.000765/2 = 1.95$ m，误差仅为 2.5%，结果说明利用应力波长度检测方法可以对不同直径的锚杆进行长度检测，锚杆直径的变化对长度检测的结果没有影响。但是对比 3 个波形可知，反射波的振幅最大值不同，直径 16 mm 的锚杆振幅相对值最大为 35，直径 20 mm 的锚杆振幅相对值最大为 18，直径 22 mm 的锚杆振幅相对值最大为 14，从而锚杆直径越大，反射波的振幅相对值最大值越小。这是因为锚杆直径越大，锚杆体的体积越大，同样的激发力产生的能量相同，则能量引起的震动幅度越小，即锚杆直径越小、振幅相对最大值越大，锚杆直径越大、振幅相对最大值越小。

6.2 端锚状态下锚固长度检测

6.2.1 应力波在端锚锚杆中的传播

既然根据应力波在自由锚杆中的传播过程可以准确计算出锚杆长度，那么应力波在锚杆锚固状态下的传播又会怎样呢？下面将通过建立端锚锚固模型来说明这一问题。层状顶板是煤矿巷道中常见的顶板类型，也是最适合锚杆支护的顶板，模拟中采用长 2.4 m、直径 20 mm 的锚杆，钻孔直径为 28 mm，底端锚固 1.2 m，锚杆和围岩之间采用树脂锚固剂，围岩模拟 3 层，建立的层状锚固体模型如图 6 – 14 所示。

层状锚固体各岩层中的岩性参数见表 6 – 5。

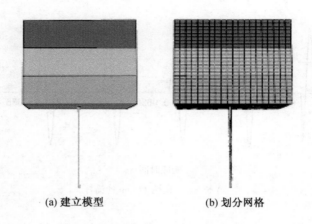

(a) 建立模型   (b) 划分网格

图 6-14　锚杆—锚固剂—层状围岩模型图

表 6-5　岩　性　参　数

层　数	岩　性	密度/(g·cm⁻³)	泊松比	弹性模量/GPa	厚度/m
第一层	页岩	1.2	0.31	10	0.4
第二层	泥岩	2.1	0.35	35	0.4
第三层	砂岩	2.5	0.25	40	0.4

在锚杆自由段端头处施加一荷载，得到应力波在锚固体中的传播过程（图 6-15）。

应力波在模型中传播结果如图 6-16 所示。

从图 6-16 中可知，应力波在端锚锚杆中的传播过程大致如下：由激振产生的初波首先在自由段传播，当传播至固端反射面时，一部分波发生反射，产生初次反射波，反射波沿着锚杆体返回锚杆自由端处，设应力波在锚杆自由段处传播的时间为 T_1，将此传播过程标记为周期 1；其余部分的波透过固端面沿着锚固段继续向底端传播，传播至底端时又要发生反射，由于入射波和反射波要发生叠加，所以底端反射波幅值会逐渐变大，然后返回锚杆自由端处，设应力波在锚固段传播的时间为 T_2。至此，应力波在锚杆中完成了一个完整周期的传播，设 $T_1 + T_2 = T$ 为周期时间，将此传播过程标记为周期 2。接下来，由初次产生的反射波返回锚杆自由端处，还要沿着锚杆体自由段传播，透过固端面向锚杆底端传播，发生反射后，返回锚杆自由端处，应力波在其中共传播了 $T_1 + T$ 时间，将此

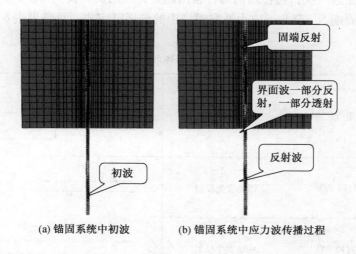

(a) 锚固系统中初波 (b) 锚固系统中应力波传播过程

图 6 - 15 应力波在端锚模型中传播过程

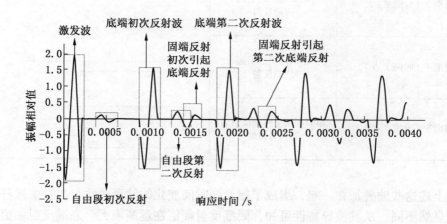

图 6 - 16 应力波在锚固 1.2 m 时波形传播示意图

周期过程标记为周期 3；同理，由初次底端反射引起的反射波再返回锚杆自由端处时，又要沿着锚杆体向里传播，传播至固端界面时，发生反射，返回自由端处，应力波经历这个周期的传播时间为 $T + T_1$，将此传播过程标记为周期 4。由初次底端反射引起的反射波在返回至固端面时，一部分波又要返回锚杆底端，在锚固段段中往返一次，再传播回锚杆自由端处，经历的时间为 $T+T_2$，将此传播过程标记为周期5。至此，应力波在锚杆中的传播已完成，总结见表6-6。

表6-6 应力波在锚杆中传播过程总结

传 播 周 期	反 射 类 型	自由端　　　　固端　　　　底端
周期1（时间 T_1）	固端发生反射	
周期2（时间 T）	底端发生反射	
周期3（时间 $T+T_1$）	由底端反射引起固端反射	
周期4（时间 T_1+T）	由固端反射引起底端反射	
周期5（时间 $T+T_2$）	锚固段场下界面反射后返回自由端	

上述这些波叠加在一起，组成了幅值随时间变化的波形曲线，与自由锚杆中的波显然不同。从其波导特性可知，固端反射幅值在逐渐增大、底端反射幅值在逐渐变小，这是激振引起的能量逐渐扩散的现象。下面根据反射时间对锚固长度的大小进行计算：时间 T_1 为405 μs，应力波在锚杆自由段中传播速度 V 为5120 m/s，代入公式 $L=V\times T_1/2=1.03$ m，锚固段的长度 $L_2=L-L_1=1.17$ m。与实际锚杆自由段的长度1 m误差仅约3%，结果证明误差非常小，说明根据应力波在端锚锚杆中波导特性可以计算出端锚锚杆的锚固长度。固端反射点和底端反射点的时间差为505 μs，那么根据公式 $V_c=2L/\Delta t$ 可以计算出锚固段传播的速度大致为

4752 m/s。

6.2.2 锚固剂厚度对检测结果影响

既然根据应力波在端锚锚杆中的传播特性可以计算出锚固段长度的大小，那么建立模型时锚固剂的厚度对检测结果有没有影响呢？下面建立不同方案（表6-7），结合不同锚固剂厚度的模型对结果进行探讨。

表6-7 锚固剂厚度参数

方　案	锚固剂厚度/mm
方案一	厚4
方案二	厚6
方案三	厚8

建立不同锚固剂厚度模型，具体如图6-17所示。

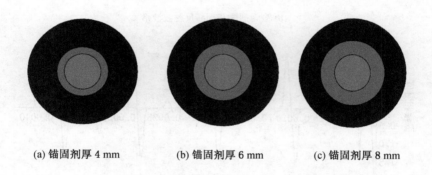

(a) 锚固剂厚4 mm　　　(b) 锚固剂厚6 mm　　　(c) 锚固剂厚8 mm

图6-17 锚杆—锚固剂—围岩锚固系统模型图

得到的3种模型中应力波的传播特性，如图6-18所示。

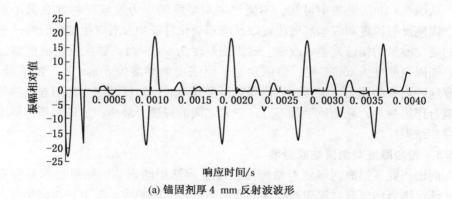

(a) 锚固剂厚4 mm 反射波波形

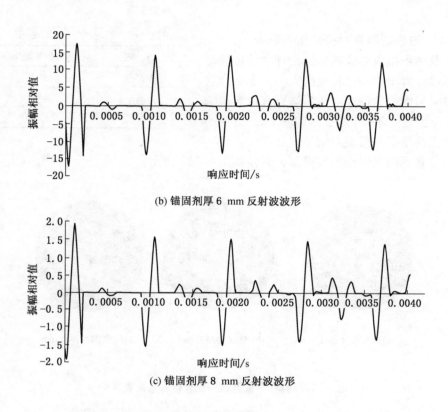

(b) 锚固剂厚 6 mm 反射波波形

(c) 锚固剂厚 8 mm 反射波波形

图 6-18　应力波在锚固剂不同厚度状况下波形传播示意图

从图 6-18 的结果中可知，不同锚固剂厚度的应力波波导特性有微小的差异，固端反射位置和底端反射位置以及波形变化特征均没有发生变化，唯一有变化的是，波形的幅值发生了改变。锚固剂厚度为 4 mm 时，初次反射波的幅值最大，锚固剂厚度为 6 mm 时，幅值次之，而锚固剂厚度为 8 mm 时，幅值最小。出现这种现象的原因可能是，当锚固剂厚度较小时，锚杆和围岩之间通过锚固剂的耦合作用最差，黏结效果最不好，三者之间的握裹力最小；当锚固剂的厚度较大时，结果反之。

6.2.3　围岩厚度对测试结果影响

前面研究了锚固剂厚度对锚固段长度检测结果的影响，结果显示是没有影响，那么围岩的厚度对锚固段长度的检测会有什么影响呢？与上述探讨类似，首先建立不同围岩厚度的模型，然后观察波导特性结果的变化。

建立的不同围岩厚度的方案见表6-8。

得到的应力波传播结果如图6-19所示。

从不同围岩厚度的端锚锚杆中应力波传播特性（图6-19）可以明显地看出，当围岩厚度变化时，波导特性也有明显的变化。围岩厚度为100 mm时，前几次的底端反射

表6-8　围岩厚度模型的方案

方案	围岩厚度/mm
方案一	100
方案二	300
方案三	500

和固端反射现象较清楚，越向后反射波越紊乱，越观察不清楚，且固端反射波的

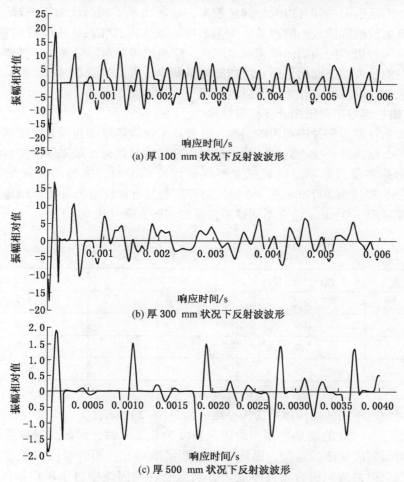

(a) 厚100 mm状况下反射波波形

(b) 厚300 mm状况下反射波波形

(c) 厚500 mm状况下反射波波形

图6-19　应力波在围岩厚度不同状况下波形传播示意图

幅值较大，甚至比底端反射的幅值还要大；当围岩厚度为 300 mm 时，类似厚度为 100 mm，前几次的底端反射和固端反射现象比较清楚，后面的比较紊乱，稍强于厚度 100 mm 的情况；但当厚度为 500 mm 时，与前两次厚度的结果不同，底端反射和固端反射一直比较清楚，且固端反射现象逐渐增强、底端反射幅值在逐渐减小。比较 3 种状况下的波形可以发现，无论是固端反射还是底端反射，抑或是波导特性的变化规律，均是围岩厚度为 500 mm 时，反射波形最容易判断。

出现这种情况的原因可能是：当围岩厚度较小时，由锚杆的锚固段、锚固剂和围岩组成的锚固体体积较小，应力波传播至固端面时，被锚固体自然吸收的能量较少，而反射回锚杆自由端的能量较多，这就出现了固端反射波的幅值较大，而底端反射波的幅值较小的现象；当围岩厚度较大时，相反，由锚杆的锚固段、锚固剂和围岩组成的锚固体体积明显较大，应力波传播至固端面时，被锚固体自然吸收的能量就多，而反射回自由端的能量就少，因此伴随着固端反射波幅值较小，而底端反射波幅值较大。所以就出现了上述情况。

6.2.4　锚杆底端不同锚固长度检测结果

前面只计算了一种锚固段的长度，并分析了锚固剂厚度和围岩厚度对结果的影响，那么锚固段长度不同时，检测结果的准确性又如何？锚固剂厚度微小差异对检测结果并没有影响，因此建立不同锚固段长度时，取锚固剂常见的厚度 4 mm；围岩厚度为 500 mm 时，固端反射和底端反射都较清晰且波形较规律，因此围岩厚度取 500 mm。建立不同锚固长度的实验方案（表 6 - 9）。

表 6 - 9　不同锚固长度实验方案　　　　　　　　　　m

方　案	锚 杆 长 度	锚固段长度	自由段长度
1	2.2	0.2	1.8
2	2.2	0.4	1.4
3	2.2	0.8	1.0
4	2.2	1.6	0.6

应力波在不同的锚固体中的传播结果如图 6 - 20 所示。

根据图 6 - 20 的结果可知，锚固段长度为 0.2 m 时，固端反射现象不太明显，随着锚固段长度的增加，固端反射逐渐清晰可见。不管锚固段长度变化与否，底端反射幅值和位置始终不变。分别判断各锚固体中自由段传播时间 T_1，代入公式 $L = V \times T_1/2$，计算 L 的值，计算结果见表 6 - 10。

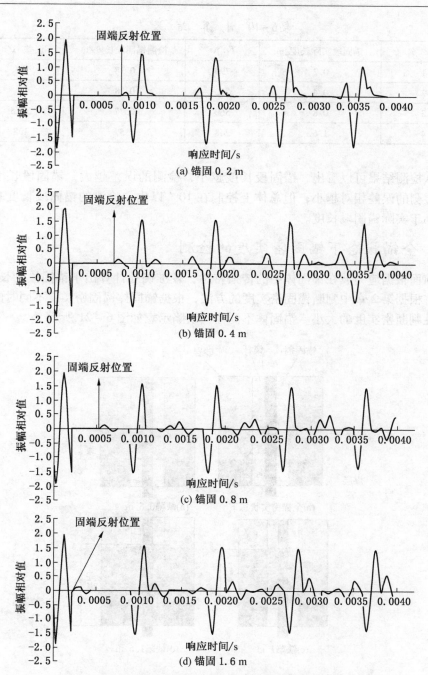

图 6-20　应力波在不同锚固长度下波形传播示意图

表6-10　计　算　结　果

方案	锚固段实际长度/m	$T_1/\mu s$	检测锚固段长度/m	误差率/%
1	0.2	790	0.18	10
2	0.4	710	0.38	5
3	0.8	560	0.77	3.75
4	1.6	248	1.57	1.8

从检测结果可以看出，锚固段长度越小，检测的误差越大，锚固段长度越大，检测的误差相对越小；但总体上控制在10%以内；检测的锚固段长度基本上略小于实际锚固段长度。

6.3　全锚状态下锚固密实度的检测

前面根据应力波在锚固体中的传播特性，较准确地计算出了锚固段的长度，下面将根据第2章中判断锚固密实度的方法，根据锚固体锚固密实度不同时的波导特性判断密实度的大小。锚固体不同锚固缺陷示意如图6-21所示。

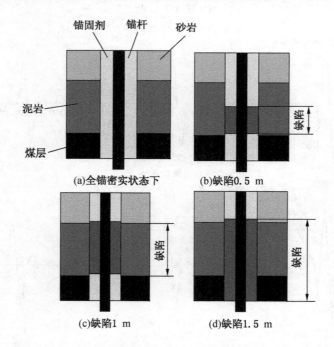

图6-21　锚固体不同锚固缺陷示意图

在锚固段缺陷段长度不同时，得到的不同波导特性，如图 6 – 22 所示。

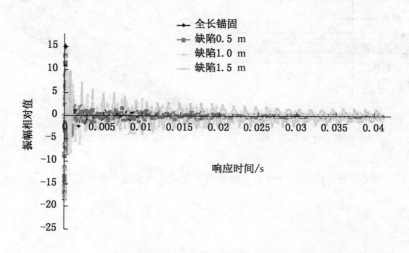

图 6 – 22 应力波在不同锚固密实度状况下波形传播示意图

从图 6 – 22 中可知，全长锚固锚杆无缺陷状况下衰减速度最快，缺陷 0.5 m 时衰减速度次之，缺陷 1 m 时衰减速度较慢，缺陷 1.5 m 时衰减速度最慢。由此，反射波振幅衰减速度快慢可以用来评价锚固体锚固密实度，反射波振幅衰减速度快慢与锚固体的锚固密实度成反比。

6.4 缺陷位置判别

前面研究得出根据应力波在锚杆体中的衰减速度快慢可以评价锚固段的密实程度，那么锚固段中有缺陷时的波导特性会有怎样的特征呢？下面将进行探讨。

6.4.1 缺陷点判别

通过建立锚固段中缺陷点的不同位置进行研究。

1. 缺陷位置点离固端面 0.4 m

锚固系统缺陷点位置分布及数值模拟建立的模型如图 6 – 23 所示。

应力波传播结果如图 6 – 24 所示。

从波形图中，首先可以清晰地观察到固端反射的波形，然后又出现了反射波波形，由此可判断为缺陷点的反射波波形。固端点和缺陷点的时间差 Δt 约为 150 μs，根据前面计算出的锚固段的波速大致为 4752 m/s，那么缺陷点离固端面的距离 $L_0 = V_c \times \Delta t / 2 = 0.356$ m，与实际距离 0.4 m，误差为 0.044 m，准确度较高。

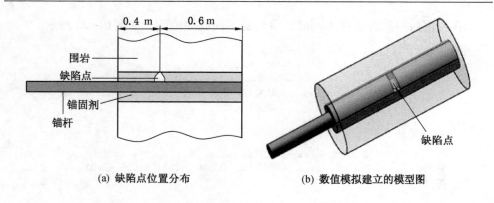

(a) 缺陷点位置分布　　　　　　　　(b) 数值模拟建立的模型图

图 6 - 23　锚固系统缺陷点位置分布及数值模拟建立的模型图

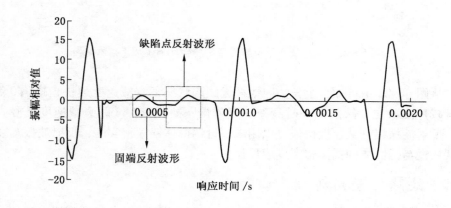

图 6 - 24　应力波在锚固体中的波形传播示意图

2. 缺陷位置点离固端面 0.6 m 和 0.8 m 的情形

锚固系统中缺陷点的位置分布情况如图 6 - 25 所示。

应力波的传播结果分别如图 6 - 26 和图 6 - 27 所示。

同理，根据缺陷位置在 0.4 m 的情况，判断 Δt 的大小，代入公式 $L_0 = V_c \times \Delta t/2$ 分别计算缺陷点的位置。结果为，实际缺陷点在 0.6 m 处时，计算缺陷点在 0.553 m 处，误差为 0.0447 m；实际缺陷点在 0.8 m 处时，计算缺陷点在 0.765 m 处，误差为 0.035 m。可见，据此计算方法，计算出的结果较准确，误差在 8% 以内。

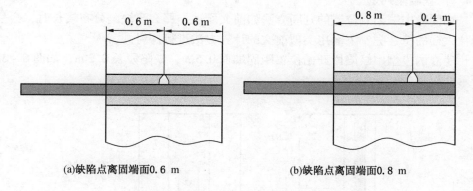

(a)缺陷点离固端面0.6 m   (b)缺陷点离固端面0.8 m

图6-25   锚固系统缺陷点位置分布示意图

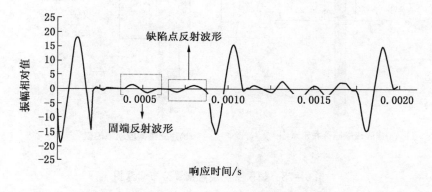

图6-26   缺陷位置点在0.6 m位置时的波形图

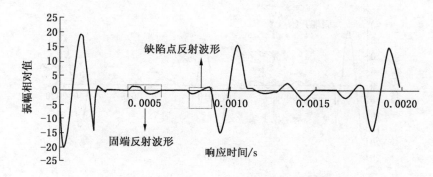

图6-27   缺陷位置在0.8 m位置时的波形图

6.4.2 缺陷段判别

锚固段中缺陷点位置的判断方法如前文所述，那么当缺陷分布较长时，会呈现什么样的特性呢？下面用类似前文的计算方法进行探讨。

建立的模型中缺陷段开始位置距固端面 0.5 m，缺陷段长 0.2 m，如图 6-28 所示。

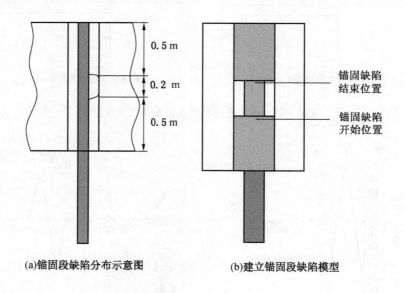

(a)锚固段缺陷分布示意图　　　　　(b)建立锚固段缺陷模型

图 6-28　锚固系统缺陷位置分布示意图

得到的应力波传播结果如图 6-29 所示。

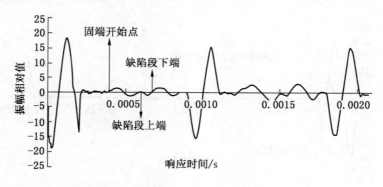

图 6-29　缺陷段长 0.2 m 时的波形图

从传播结果中可以观察到，应力波传播至缺陷段的上端时发生反射，透射波沿着锚杆体继续向里传播，传播至缺陷段下端时又发生了反射，那么如果判断出缺陷段上端反射波和缺陷段下端反射波的时间差，根据公式 $L = V \times \Delta t / 2$ 就可以计算出缺陷段长度 L 的大小。经判断 Δt 大小约为 100 μs，这时 V 应该为应力波在自由段中的传播速度，那么得出缺陷段长度 L 为 0.25 m 左右，误差为 0.05 m，较大。原因是缺陷段长度较小，无法准确从波形图中判断出 Δt 的精确值，只能粗略地进行估计，这是计算中的误差所在。

6.5 本章小结

本章对应力波在锚固体中的传播特性进行了数值模拟研究，并根据波导特性对锚固体的锚固质量进行了评价，得到以下结论：

（1）建立了层状锚固体的数值模型，并得到了应力波在锚固体中传播的波导特性，指出可以根据波导特性评价锚固质量。

（2）根据自由锚杆中的波导特性可以计算出锚杆长度，并指出激发应力波的大小和锚杆直径大小对锚杆长度的计算结果没有影响。

（3）根据层状锚固体中的波导特性可以计算出锚杆自由段的长度和锚固段的长度，并验证指出锚固剂的厚度对检测结果没有影响，而围岩厚度不同时应力波传播规律不同，当围岩厚度直径为 500 mm 时，应力波传播的规律性最强。

（4）根据层状锚固体的波导特性可以判断锚固段锚固的密实程度，指出锚固体的锚固密实度与应力波的衰减速度有密切关系，若应力波的衰减速度较快，那么锚固段的锚固密实度较强，反之亦然。

（5）根据含有缺陷锚固体的波导特性，可以计算出锚固体中锚固有缺陷的位置点和缺陷段的长度以及位置分布情况。

7　锚杆无损检测系统的研制与应用

7.1　锚杆无损检测系统设计

7.1.1　概念性的设计

设计相应的仪器进行煤巷层状顶板锚杆锚固质量的无损检测。在锚杆顶端施加一个激励，使锚杆产生沿长度方向传播的应力波，通过锚杆顶端的换能器接收来自锚杆锚固端面和锚杆底端的反射信号，经过信号处理部分对反射信号进行滤波处理，传输给数据接收系统（图7-1）。通过分析锚固端反射波传播时间和锚杆底端反射波传播时间，可以计算出锚杆的锚固长度；通过分析第一次反射波和第二次反射波的幅值和衰减速度，可以判断锚杆锚固的密实程度。

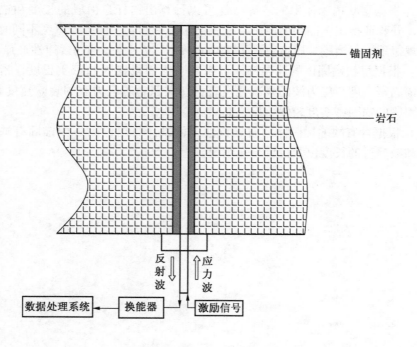

锚固剂

岩石

反射波　应力波

数据处理系统　←　换能器　←　激励信号

图7-1　测试原理图

锚杆长度检测的过程：

$$L_0 = \frac{1}{2}V_0 \times T_0 \qquad\qquad (7-1)$$

$$L_1 = \frac{1}{2}V_1 \times T_1 \qquad\qquad (7-2)$$

$$L = L_1 + L_0 \qquad\qquad (7-3)$$

式中，L_0 为锚杆自由段的长度，V_0 为应力波在锚杆自由段传播的速度，T_0 为应力波在锚杆自由段传播的时间；L_1 为锚杆锚固的长度；V_1 为应力波在锚杆锚固段传播的速度；T_1 为应力波在锚杆锚固段中传播的时间；L 为锚杆的全长。

锚杆锚固密实程度度检测过程：

$$D = \frac{E_2}{E_1} \times 100\% \qquad\qquad (7-4)$$

引入能量系数来评价锚固体密实程度。锚杆入射波的总能量 E_0 是固定不变的，在第一个反射周期总能量衰减至 E_1，第二个反射周期能量衰减至 E_2，第 n 个反射周期能量衰减至 E_n，最后衰减至零；设能量衰减系数为 D。

7.1.2　检测系统的整体构成

锚杆无损检测仪采用模块化设计，将整个检测系统分为激振模块、信号采集模块、信号处理模块和数据存储模块四块，针对每一个模块进行系统化设计。

1. 激振模块

该模块主要用于激发振动信号，选用的仪器是力锤，力锤由锤柄中装有信号传输专用低噪声电缆的冲击锤、锤帽座及一组弹性锤帽组成，实物如图 7-2 所示。

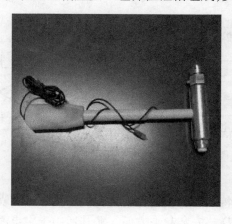

图 7-2　力锤

力锤主要特性指标见表7-1。

表7-1 力锤性能指标

量程/ kN	重量/ kg	柄长/ mm	锤高/ mm	锤直径/ mm	灵敏度/ (pC·N⁻¹)	谐振频率/ kHz
5	0.35	235	65	25	≥4	≥40

弹性锤帽可保证试验中获得理想的激励脉冲信号，试验前，先将所需锤帽拧入力锤装有力传感器的一侧，并用专用安装柄将其拧紧，确保力传感器、冲击垫座安装牢固，安装不牢会造成虚假信号。敲击时，要注意防止力锤的滑移。

2. 信号采集模块

图7-3 压电加速度传感器

该模块主要用于对振动信号进行采集，由力锤给锚杆激振，产生的应力波以振动的形式在锚杆中传播，振动的信号要想被仪器接收，需要一个换能器，将振动信号转换为电信号。而加速度传感器可以实现这个功能，为了获得高保真度的测试数据，根据测试的使用要求，权衡了重量、灵敏度和频率响应，选择最合适锚杆振动测试的IC压电加速度传感器。传感器的实物如图7-3所示，内部结构如图7-4所示。

压电加速度传感器主要技术指标见表7-2。

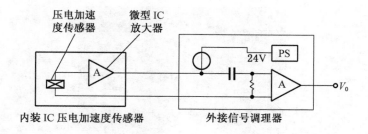

图7-4 压电加速度内部结构图

该传感器的突出特点有：输出低阻抗，抗干扰性强，噪声较小，可进行长电缆的传输；性价比较高，安装起来方便，尤其适用于多点测量；稳定可靠、抗潮湿、抗粉尘、抗有害气体。

表7-2 压电加速度传感器的主要技术指标

线性：≤1%	横向灵敏度：≤5%，典型值：≤3%
输出偏压：8~12 V_{DC}	恒定电流：2~20 mA，典型值：4 mA
输出阻抗：<150 Ω	激励电压：18~30 V_{DC}，典型值：24 V_{DC}
温度范围：-40~+120 ℃	放电时间常数：≥0.2 s

3. 信号处理模块

信息处理模块主要用于原始信号的处理，由于换能器转换过来的电信号通常比较微弱，且经常夹杂噪声等干扰信号，易造成原始信号的失真，因此需要对原始信号进行放大滤波。鉴于此压电加速度传感器不能直接使用，需要有一个信号调理器（图7-5）。

图7-5 信号调理器

信号调理器的主要技术指标见表7-3。

表7-3 信号调理器的主要技术指标

通道数：2	恒流供电电流：4 mA
恒流供电电压：24 V_{DC}	最大输出电压：7 V_{RMS}
增益：可在1~100定做	高频上限：可在1~100 kHz定做
低频下限：0.08 Hz	供电电压：AC220 V(±10%)，50 Hz
工作温度：-10~+40 ℃	工作湿度：≤90%
外形尺寸：160 mm×84 mm×50 mm	重量：0.3 kg

所选用的信号调理器外形轻巧，灵敏度高，不仅对原始信号进行放大滤波处理，还实现了给换能器供电，在换能器和显示设备之间通信。

4. 数据存储模块

数据存储模块主要用于对应力波波形进行显示以及存储，而示波器就是一个可以实现这种功能的仪器，它不仅可以和加速度传感器之间进行通信，还可以将接收到的电信号进行显示，并能对检测到的波形进行存储。

示波器实物如图 7-6 所示，它是集数据采集、A/D 转换、软件编程等于一体的高性能示波器，有多种分析功能，支持多级菜单，能够给用户提供多种选择并且可以对波形进行存储和处理。

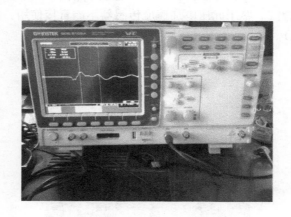

图 7-6 示波器

选用的 GDS2012A 型数字示波器带宽为 100 MHz，双通道输入，可以同时显示两条曲线，全系列 2GSa/s 实时采样率和 100GSa/s 等效采样率，高达 2048 个连续的波形分段，捕获率 8 ns。

锚杆无损检测仪的整体构成如图 7-7 所示。

完整的自由状态下锚杆无损检测过程如图 7-8 所示。由图 7-8 中可知，加速度传感器安装在锚杆端面，由力锤对锚杆端部施加一个激励，激励振动信号被加速度传感器接收并将振动信号转化为电信号被信号调理器接收，信号调理器将模拟电信号转化成数字信号，同时对数字信号进行放大滤波处理，处理过的信号传给数字示波器，数字示波器上显示测得的信号。

经实验室反复试验，结果表明：该无损检测仪具有灵敏度高、采集波形稳定、精度较高等优点，可以用于锚杆锚固质量的无损检测。

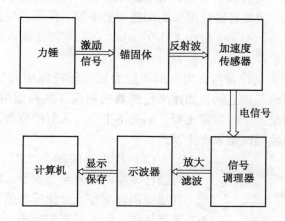

图 7-7　锚杆无损检测仪的整体构成

图 7-8　完整的自由状态下锚杆无损检测过程示意图

7.1.3　实验过程中需要注意的几个问题

1. 加速度传感器安装问题

由于冲击脉冲具有很大的瞬态能量，传感器与结构的连接必须十分可靠，如果锚杆端头不平整，会造成传感器滑落或移动，使传感器得到混乱不准确的信号，因此在测试前一定要将锚杆端头面用搓刀磨平整。保证传感器与被测试件接触的表面清洁、平滑，不平度应小于 0.01 mm，在安装加速度传感器时，应客观考虑以下两方面因素：

（1）传感器的安装位置与方向，由于应力波在锚杆体中的传播规律是建立在一维纵波传播理论基础上的，加速度传感器的轴线（结构如图 7-9 所示）与被测锚杆轴线之间是否平行非常重要，如果不平行，入射的应力波和反射波之间会产生相位差，导致测试结果产生误差。

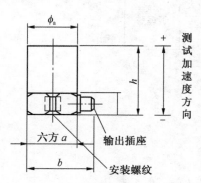

图 7-9　传感器的外形结构

（2）传感器的耦合状况，加速度传感器与锚杆顶端的耦合至关重要。如果传感器和锚杆端面耦合不好，会使反射信号不能完全被传感器接收，会引起寄生振荡，甚至会降低传感器的安装谐振频率，最严重的是会限制传感器的有效适用范围，使测试结果失败。借鉴前人的经验，在测试之前，在传感器端面使用清洁的硅脂，会改善耦合效果。

2. 力锤敲击问题

力锤敲击锚杆顶端产生的振动信号对测试结果有很大影响，根据波动理论，应力波在锚杆中传播较为理想的是半正弦波且无多余杂波现象。如果想要获得理想的振动激励信号，需要做到以下几点：

（1）加速度传感器安装位置一定要合适，以便产生最小的杂波，最好无杂波现象。

（2）传感器和锚杆的耦合效果必须要好，保证紧密，没有滑落现象，不能减少其作业频率。

（3）敲击力锤过程中，力锤一定要落稳，敲击要干脆，要尽量使信号狭窄并符合半正弦的规律。

3. 仪器参数选择的问题

在采集振动信号的过程中，由于振动信号是连续的，而采集系统要求采集的信号是间隔的，因此要求连续的信号经过模/数（A/D）转换，转换为离散的数值信号，离散的信号要能唯一确定原连续信号，并能恢复成原连续信号。只有满足一定的条件，离散数值信号才能按一定的方式恢复成原来的连续信号，这个条件就是采样定理，即只有采样的频率 f_s 必须大于被测信号成分中最高频率 f_g 的两倍，也就是 $f_c > 2f_g$ 时，离散信号才能真实反映原来的连续信号。$\Delta t = 1/f_c$ 称为采样时间间隔，f_c 为最小采样频率，即奈奎斯特采样频率，如果不满足采样定理，高频和低频信号就会产生混淆（图 7 - 10）。

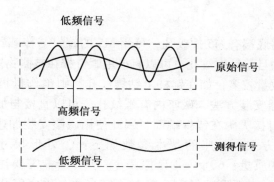

图 7 - 10　混淆现象中原始信号与测得信号的对比

从图 7 - 10 中可知，当采样频率不满足采样定理时，采样只能采集到低频信号，而不能采集到高频信号。为了避免发生混淆现象，就要提高采样频率 f_c。但当采样频率越高时，采集同样长度的原始信号，测得信号的长度就会越长，存储所需的空间就越大，当存储空间达到最大时，就会影响采集仪器的正常使用。因此，在满足采样的条件下，要尽可能地降低采样频率。

4. 重复测试的问题

如果在测试过程中，发现力锤有侧激、滑激现象或者锚杆有移动现象，以及力锤与锚杆（或托盘）之间接触时有尖锐的声音出现时，那么此刻的加速度信号响应往往不可用，必须重复测试。尽可能测量 2 次以上，如果测试结果不统一，要检查测试过程是否存在误差，直到测试结果统一没有误差后，方能确定采集结果。

7.1.4　传感器最佳安装方式的选择

加速度传感器安装正确与否直接关系到测试结果的准确性，应力波在锚杆体中的传播规律是建立在一维纵波传播理论基础上的，传感器的轴线一定要与锚杆轴线平行，传感器安装过程中，在传感器底端抹一些干净的硅脂，会使传感器和锚杆耦合更好。但是基于以上两点，传感器如何与锚杆接触，有不同的安装方式，试验中对于锚杆全长 1.1 m、锚固 0.3 m 的锚杆，尝试了传感器的不同安装情况，结果发现：无论采用哪种安装方式，传感器都能采集到应力波的反射信号，但是不同安装方式应力波采集到的反射信号有所不同；一些安装方式得到的实验结果并没有规律性，无法从实验结果中得到有用的可以反映锚杆体中应力波传播规律的信息；只有采用磁铁吸放在锚杆顶端的安装方式效果最佳，可以得到应力波传播规律。

1. 磁座连接方式

加速度传感器底端有 M5 螺纹孔，可用 M5 的螺钉与传感器配套使用。如果被测物体为钢结构且易钻螺纹孔，可以直接用螺钉拧在被测物体上。若被测物体不易钻螺纹孔且数量较多，如在锚杆上钻螺纹孔，则工作量极大。磁座提供了一种方便的传感器安装方法，磁座内有螺纹孔，可以直接与加速度传感器配套使用且磁座可以直接吸附在锚杆端面，因此使用磁座安装加速度传感器是一种简单方便的安装方式。磁座的基本参数如下：①外形尺寸：$\phi 32 \times 13$ mm；②吸力>18 kg；③质量：60 g；④谐振频率：10 kHz。需要注意的是，在加速度传感器超过 200 g，温度超过 150 ℃时不宜采用。磁座安装传感器示意如图 7 – 11 所示。

(a) 磁座结构　　　　　　　　　　(b) 传感器安装在磁座上

图 7 – 11　磁座安装传感器示意图

先用螺钉将传感器和磁座连接起来，连接好以后，磁座吸附在锚杆端面，用力锤锤击锚杆端面未被吸附的位置，在示波器中得到锚杆加速度响应曲线（图 7 – 12）。

从图 7 – 12 中可知，振动曲线呈现规律的正弦变化，幅值由小变大，达到最高值以后，逐渐减小。锚杆全长 1.1 m、锚固 0.4 m，振动曲线中无法明显看出

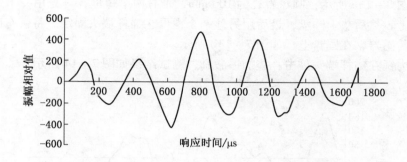

图 7 – 12　磁座安装方式下锚杆加速度响应曲线

锚杆锚固端面反射位置和锚杆底端反射位置。因此，磁座安装传感器方式并不能准确测试锚杆锚固质量，结果不可靠。磁座安装传感器方式的缺陷是磁座端面面积较大，吸附在锚杆端面占据位置较大，锚杆尾端截面积较小，给力锤施加激励留的位置更小，导致力锤几乎不能准确锤击在锚杆端面。

2. 采用圆盘安装方式

从磁座安装方式的缺陷中，推知如果采用磁座安装方式时，力锤可以准确锤击在锚杆端面位置，测试结果可能会发生改变。采用圆盘安装加速度传感器方式的测试过程如图 7 – 13a 所示。

(a) 圆盘结构形状

(b) 圆盘安装方式测试结构图

图 7 – 13　圆盘安装加速度传感器方式

如图 7 – 13a 所示，圆盘直径为 100 mm，带有两个螺母，首先用一个螺母拧在锚杆上，然后垫上圆盘，最后用另外一个螺母在锚杆端头固定。将带有磁座的加速度传感器粘在圆盘上，如图 7 – 13b 所示。

用力锤在锚杆端头敲击，施加一激励，测试结果如图 7 – 14 所示。

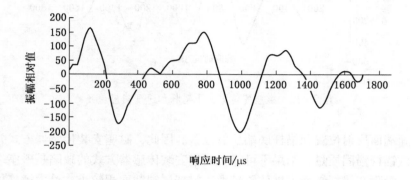

图 7 – 14   圆盘安装方式下锚杆加速度响应曲线

从图 7 – 14 中可知，曲线振动幅值由大逐渐变小，是一个逐渐衰减的过程，但是振动曲线不光滑，可能是实验过程中有杂波、干扰现象，且从振动曲线中看不出应力波的反射和入射位置。经过反复试验和观察，发现原因可能是力锤激励产生的应力波在锚杆传播的过程中，加速度传感器并没有接收到传播信号。力锤给锚杆端面施加激振，同时也会导致圆盘振动，圆盘振动引起加速度传感器的振荡，这样不可避免加速度传感器接收到的曲线中部分是由圆盘振动引起的。因此，由磁座安装在圆盘上的传感器安装方式，也不能准确可靠地接收应力波在锚杆体中传播的过程。

3. 采用螺纹安装方式

考虑到采用圆盘安装传感器的缺陷可能是圆盘面积较大，圆盘和锚杆之间并未紧密耦合，导致接收到的振动信号并不是从锚杆体中反射回来的应力波。因此，需要尝试采取某种措施，既可以使传感器安装在底座上，又能保证底座和锚杆之间紧密接触、传感器收到的信号是从锚杆底端反射回来的信号。于是设计了一种带有内螺纹的底座，底座的内螺纹和锚杆的外螺纹紧密配合，具体如图 7 – 15 所示。

螺纹底座外表面钻有 M5 的内螺纹孔，首先用 M5 配套的螺钉将传感器固定在底座的内螺纹上，然后将底座套在锚杆端头上紧。用力锤进行敲击，传感器接

(a) 底座外形结构

(b) 底座安装形式

图 7-15 螺纹底座安装测试过程

收到的信号如图 7-16 所示。

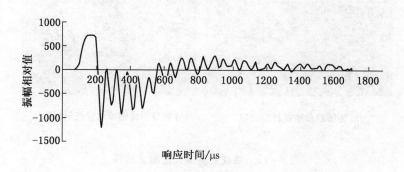

图 7-16 铁座安装方式下锚杆加速度响应曲线

如图 7-16 所示，首先观察到一个正弦波，是由力锤激励产生的首波信号，说明给锚杆端头施加一个激振力，产生的振动首先会被传感器接收到。然后反射波开始出现无规律的振荡，说明传感器未收到锚杆底端反射信号，分析原因可能是力锤敲击锚杆同时，螺纹底座产生振动，导致安装在底座上的传感器只能接收到力锤激励产生的首波信号，之后接收来自螺纹底座振动产生的振动信号，并未真实的接收来自锚杆底端的反射信号。

因此通过以上实验如果要准确接收来自锚杆底端的反射信号，不能将传感器通过底座安装在锚杆端头，必须直接将传感器放置在锚杆端头；而锚杆端头面积一般较小，采取第 1 种安装方式过程中，磁座面积较大，没给力锤产生施加激励的空间。所以需要设计一种既可以直接将传感器安装在锚杆端头，又能给力锤激励留下空间的安装方式。

4. 采用磁铁安装方式

考虑以上安装方式出现的问题，经过反复试验，设计了一种新的磁铁安装的方式。如图 7 – 17a 所示，磁铁经过加工，直径为 10 mm、厚为 5 mm，用胶水将传感器和加工过的磁铁粘在一起。

(a) 传感器和磁铁粘在一起　　　　　(b) 粘好的传感器放置在锚杆端头

图 7 – 17　磁铁安装方式的测试过程

测试前，将清洁的硅脂涂在锚杆端头和磁铁底端，保证磁铁和锚杆之间紧密接触，没有滑动。然后将传感器放在锚杆端头，如图 7 – 17b 所示，在锚杆端头空余位置用力锤进行敲击，得到的测试结果如图 7 – 18 所示。

从图 7 – 18 中可以看到，采用磁铁安装方式的测试波呈现有规律地反射，反射波先出现首波，然后接收到锚杆锚固段反射信号，最后接收到锚杆底端反射的信号。

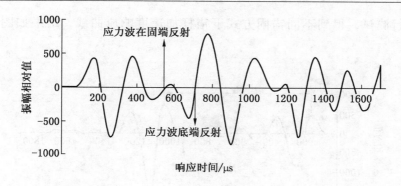

图 7 – 18　磁铁安装方式的加速度响应曲线

7.2　应力波在锚杆锚固体系中传播规律的实验研究

根据第二章中的激发应力波在锚杆自由段及锚固段内的行程规律,利用研发的锚杆无损检测系统,对锚杆锚固体系中应力波的传播过程进行探究。通过在锚杆端头放置加速度传感器,接收激发荷载作用下的加速度响应,对得到的波形进行识别和分析,从而判断锚杆在不同锚固方式和不同锚固质量下的波形特征。

7.2.1　应力波在锚杆不同锚固介质下的传播

试验采用直径为 16 mm 的煤矿用标准锚杆制作实验模型,分别模拟锚杆自由状态下、采用红土作为锚固介质、采用水泥药卷作为锚固介质 3 种不同锚固方式。试验中,自由状态下锚杆全长 L_1 为 2.25 m,锚杆体的平均波速 $V_c = 5120$ m/s;采用红土介质锚固时,锚杆全长 L_2 为 2.25 m,底端采用直径为 50 mm 的 PVC 管进行锚固,锚固长度为 1 m,自由段长度为 1.25 m;采用水泥药卷进行锚固时,锚杆全长 L_3 为 2 m,底端采用直径为 50 mm 的 PVC 管进行锚固,水泥药卷的配比为 1 : 4(水泥 : 水),底端锚固 1 m,自由段长度为 1 m。制作的 3 种实验模型如图 7 – 19 所示。

对 3 种不同锚固方式下的锚杆加速度

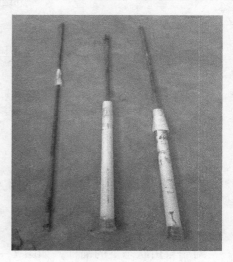

图 7 – 19　锚杆 3 种不同锚固方式

响应进行测试，得到不同锚固方式下锚杆加速度响应曲线，结果如图 7 - 20 所示。

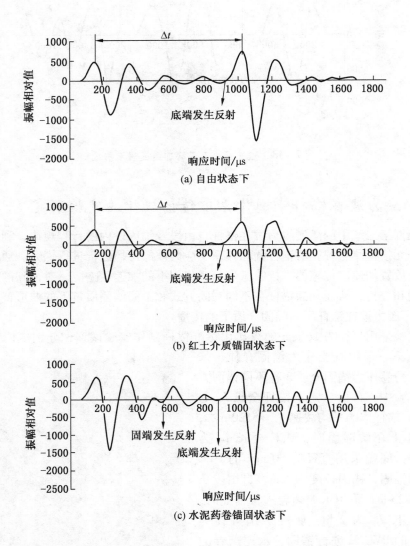

图 7 - 20   不同锚固方式下锚杆加速度响应曲线

对于自由状态下的锚杆，如图 7 - 20a 所示，锚杆反射波信号中首先出现一个正弦波，判断为首波，然后波的幅值逐渐变小，在平衡位置来回摆动，判断应力波在锚杆体中传播，之后突然出现一个正弦波，判断为锚杆的底端反射波。锚杆的底端反射波清晰可见且较直观，与入射波同相，锚杆底端的第一次反射波和首波时间差 Δt 为 880 μs，计算出波速 $V_c = 2L/t = 5113$ m/s，与理想状态下锚杆杆体中传播速度 5120 m/s 相当接近。如果应用已知锚杆体中平均波速 5120 m/s 乘以第一次反射波和首波时间差 Δt，计算出锚杆的长度 L_1 为 2.252 m，与实际误差仅为 0.088%。这说明采用波速（V_c）乘以反射波时间差（Δt）可以较精确地计算出锚杆的长度。

红土介质锚固状态下锚杆的加速度响应曲线如图 7-20b 所示，与图 7-20a 自由状态下锚杆加速度响应曲线相比，图 7-20b 类似也会先出现一个正弦波，判断为首波；然后正弦波幅值逐渐变小，在平衡位置来回浮动，幅值趋于 0，相比于图 7-20a，图 7-20b 中的锚杆体传播部分应力波幅值会更小；最后出现一个底端反射的正弦波。

使用红土介质锚固锚杆与自由状态相比，均有明显的首波和底端反射波出现，红土介质并未观察到锚固段反射现象，但在红土介质锚固锚杆期间，锚杆体中的应力波幅值减小得更快、更接近于平衡位置。这种现象说明应力波在红土介质锚固锚杆期间，衰减速度更快，确实起到锚固作用，但没有观察到锚固现象说明锚固段并不明显。

水泥药卷锚固锚杆的加速度响应曲线如图 7-20c 所示，同样可以清晰地观察到首波和锚杆底端反射现象，但应力波在锚杆体传播又有所不同。在锚杆体传播期间，应力波先逐渐变小，而后突然增大，再逐渐变小，那么可以判断在锚杆自由段中，应力波会逐渐减小，而应力波突变的地方即锚固段起始的位置。水泥药卷锚固锚杆现象说明，锚杆中存在明显的锚固段现象，水泥对锚杆确实起到了明显的锚固作用，在锚杆锚固端会有应力波突变现象，不管是在锚杆自由段还是锚固段，应力波幅值同样都是由大逐渐变小。

根据锚杆自由状态下、红土介质锚固状态下和水泥药卷锚固状态下 3 种不同锚固方式的加速度响应结果，可以得到以下结论：应力波在不同锚固方式下加速度响应曲线结果有所不同，但均有清晰可见的首波和锚杆底端反射波；锚固作用不明显时，应力波中观察不到突变现象，只能发现锚固期间，应力波衰减速度比自由状态下的衰减速度更快；锚固作用明显时，应力波会有显著的突变现象，自由段和锚固段中应力波幅值均逐渐减小；可以根据应力波传播曲线判断锚杆是否锚固以及锚固方式等。

7.2.2　应力波在锚固质量不同的锚杆中传播

上节介绍了应力波在不同锚固方式锚杆中的传播规律，那么在相同锚固方式下，不同锚固质量的锚杆中，应力波的传播规律又会是怎样呢？为了探究同种锚固方式下不同锚固质量的锚杆中应力波传播形式，作者在实验室制作了不同模型，来模拟不同锚固质量的锚杆。

制作模型时，采用直径为 50 mm 的 PVC 管作模子，采用水泥药卷锚固锚杆的方式，使水泥药卷的配比比例不同以模拟锚固质量的差异。试验中模拟锚杆的三种锚固质量，所使用的锚杆均为长度 1.2 m、直径 16 mm 的矿用标准锚杆，在锚杆底端锚固 0.6 m，三种水泥药卷的配比中，水所占的比例分别为 20%、25%、33%，所制作的模型如图 7-21 所示。

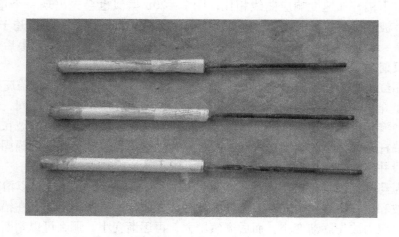

图 7-21　三种配比不同的水泥药卷锚固锚杆的方式

模型制作好以后，放在干燥、阳光直射的地方，每天定期向水泥药卷内加入少量的水，进行养护，使水泥药卷对锚杆进行充分锚固。一段时间以后，待水泥药卷彻底固化后，对模拟的三种锚固质量不同的锚杆分别进行加速度响应测试，得到的结果如图 7-22 所示。

从图 7-22a 中可知，应力波在锚杆中传播的规律性很强，首先会出现锚杆的固端反射波，然后会出现底端反射波，且底端反射波中出现了大波谷现象，固端反射和底端反射都较清晰明显、直观可见，因此可以清楚地判断锚杆的固端反射位置和底端反射位置。应力波在锚固段衰减速度较快，幅值比较大，说明加水 20% 时的水泥药卷锚固质量很好，锚固体的黏结强度很大。

对照图 7-22a，从图 7-22b 中可以观察到，图 7-22b 相对于图 7-22a 应力波在锚杆中传播的规律性不强，固端反射波明显，同样底端反射波出现了大波

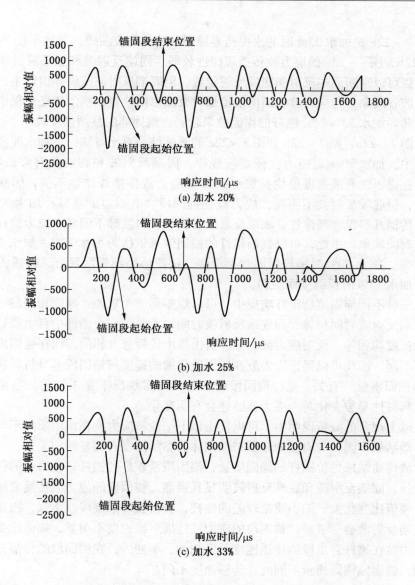

图 7-22　锚杆锚固质量不同时的加速度响应曲线

谷现象，但大波谷起跳前的波峰不明显，判断底端反射波相对不太明显，且应力波在锚固段中传播没有规律性，应力波在其中衰减速度不明显，幅值比变化不明显。判断加水 25% 时，锚杆的锚固效果没有加水 20% 时强，锚固体黏结强度一般。

图 7-22c 是加水 33% 时的水泥药卷锚固加速度响应曲线，相比于图 7-22a 和 7-22b，图 7-22c 的应力波传播规律性较弱，固端反射波和底端反射波不明显，勉强可以判断固端反射和底端反射位置，但底端反射波波谷幅值较小，没有出现大波谷现象，且应力波在锚固段传播时衰减速度较慢，幅值比变化很小。判断水泥药卷加水 33% 时，锚杆的锚固效果较弱，锚固体的黏结强度较弱。

从图 7-22a、图 7-22b 和图 7-22c 的测试结果对比可知，三种水泥药卷锚固锚杆中，加水 20% 时应力波传播较规律，固端反射波和底端反射波最明显，应力波在锚固段衰减速度最快；加水 25% 时应力波传播规律性不强，固端反射波明显，但底端反射波不明显，应力波在锚固段没有明显的衰减；加水 33% 时应力波传播几乎没有规律性，固端反射波和底端反射波都不明显，应力波在锚固段没有衰减现象。由此，可以判断锚杆的锚固效果依次为加水 20% >加水 25% >加水 33%，加水 20% 时锚杆锚固效果最强，锚固体黏结强度最好，即锚固质量最好，加水 33% 时反而锚固最弱。

从三种不同锚固质量锚杆响应中，可以观察到一个现象：响应相同的一点是锚杆固端反射波时间相等，而底端反射波时间均不等，三个锚杆中自由段长度和锚固段长度均相等。说明应力波在锚杆自由段中传播速度相同，而在锚固段传播的速度不同，因此可以得出应力波在锚固段传播的速度与锚固段本身材料特性参数（即锚固质量）有关。锚杆锚固段的波速在通常状况下是未知的，当锚固段本身材料特性参数变化时，应力波波速会有所变化。

从以上现象的分析说明中，可以推出以下结论：应力波在锚固质量不同的锚杆中传播结果不同，应力波的传播与锚固体的黏结强度有明显的相关性，可以应用应力波传播结果评价锚杆的锚固质量；锚固质量较好的锚杆，应力波的传播规律性较强，固端反射波和底端反射波明显且强烈，锚固段的应力波传播衰减速度较快，幅值比变化大；锚固质量较差的锚杆，应力波传播规律性不强，固端反射波和底端反射波会不清晰，锚固段的应力波传播衰减速度不明显，幅值比变化很小；应力波在锚杆自由段的传播速度是已知的、不变的，在锚固段的传播速度是未知的，锚固段锚固质量不同时，传播速度不同。

7.3 锚杆锚固长度的测试与锚固密实度的判断

上节试验说明了力锤激发产生的应力波在锚固质量不同的锚杆中传播规律不同，根据应力波传播的形式可以推算出锚杆的锚固质量和锚固体的黏结强度，锚杆锚固质量主要包括锚杆锚固段的锚固密实度和锚杆的锚固段长度。根据应力波在锚杆体中的传播规律是否可以计算出与锚固质量相关的参数呢？下面结合试验，根据应力波在锚杆中传播的原理测试锚杆锚固段长度和锚固段的密实度。

试验中，制作了锚杆不同锚固段长度和锚固段不同密实度的模型，分别进行加速度响应测试的实验研究。

7.3.1　锚杆锚固长度的测试

根据公式 $L_0 = V_0 \times T_0/2$ 可知，如果已知应力波在锚杆体中传播的速度 V_0 和应力波在锚杆体中传播的时间 T_0，那么就可以准确计算出锚杆的长度。根据锚杆自由状态下的反射波，观察锚杆底端反射的时间，可以较精确地计算出锚杆的长度，因此在锚杆锚固状态时，可以尝试根据锚固端反射波时间计算锚杆自由段的长度。应力波在锚杆锚固段质量不同时传播波速不同，且通常状况下是未知的，因此无法根据应力波在锚杆锚固段的传播时间和锚固段的传播速度计算锚固段的长度。

在煤巷锚杆支护中使用的锚杆总长度是已知的，且在一定范围内使用的锚杆参数是统一的。因此在锚杆总长度 L 已知时，可以尝试先通过锚杆自由段中应力波传播时间与自由段中应力波传播波速的乘积计算出自由段的长度 L_0，然后再用锚杆总长度 $L - L_0$ 的方式得到锚固段的长度。

下面将根据此种计算方式，制作试验模型，进行锚杆锚固段长度的测试。试验中，制作不同锚杆长度和不同锚固段长度的模型，分别计算锚杆锚固段的长度，所用锚杆均为矿用标准锚杆，直径为 16 mm。

1. 锚杆全长 1.1 m、底端锚固 0.32 m

设计的锚杆长度是 1.1 m，底端锚固 0.32 m，底端锚固使用 PVC 管模型作为围岩壁的模子，所用的 PVC 管直径为 160 mm。锚杆锚固的过程：先用水、水泥、砂子、石子按照一定的配比比例，配比成与煤巷围岩强度相当的混凝土，然后装进直径为 160 mm 的大 PVC 管中，填装前，先把直径为 26 mm 的小 PVC 管放置在大管中间（作预留锚固孔使用），待到配比的混凝土凝固干燥、锚固孔成形后，将小 PVC 管慢速抽出，至此模型已制作好。模型制作好后，将树脂锚固剂（图 7 - 23）塞进预先铺设的锚固孔，进行锚杆的锚固，锚固过程完成后，得到的锚固模型如图 7 - 24 所示。

底端锚固 0.32 m 时的加速度响应曲线如图 7 - 25 所示。

在响应时间 380 μs 处，反射波出现了突变现象，根据第 3 章中判断锚固端起点位置的方法，突变点即可判断为固端反射的起点。由图 7 - 25 可知，应力波起点位置的时间与锚固端反射波起点的位置时间差 Δt 约为 320 μs，那么根据应

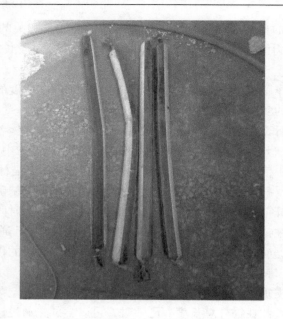

图 7 - 23　所使用的树脂锚固剂

图 7 - 24　底端锚固 0.32 m 锚固模型

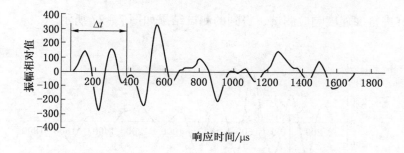

图 7 - 25　底端锚固 0.32 m 时的加速度响应曲线

力波在锚杆中的传播速度 $V = 5120$ m/s，计算出锚杆自由段的长度 L_0 约为 0.81 m，那么锚固段的长度为 0.29 m。已知锚杆实际自由段的长度为 0.78 m，锚固段的长度为 0.32 m，得到锚固段长度计算误差为 9%。

计算得到的锚固段长度的误差较大，而锚杆自由段长度的计算误差为 3.8%，自由段长度的误差较小，实际上锚固段长度的计算值只比实际值小 3 mm，这主要是因为锚杆自由段长度较长而锚固段长度较短导致锚固段长度的计算误差较大。如果锚固段长度较小，那么在判断锚固端起点时间时，稍微人为判断时间误差，就会导致 Δt 存在差异，也会导致计算得到的锚固段长度存在误差值。

对以上计算结果进行总结分析，在锚杆自由段长度为 0.78 m、锚固段长度为 0.32 m 时，测试得到的锚固段长度只比实际值小 3 mm，误差为 9%，由于锚固段长度较短，考虑到人为判断可能引起的误差，采用上述方式先计算自由段长度，然后得到锚固段长度的方式是可行的。

2. 锚杆全长 1.1 m，底端锚固 0.50 m

设计的锚杆长度是 1.1 m，自由段长 0.6 m，锚固段长 0.5 m，所用的 PVC 管和模子及锚固过程方式与前面相同，得到的模型如图 7 - 26 所示。

图 7 - 26　锚杆长 1.1 m、
锚固段长 0.5 m

对其进行加速度响应测试，得到的测试结果如图 7-27 所示。

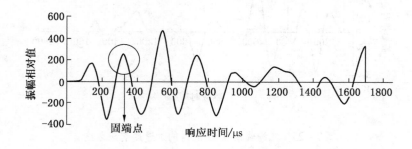

图 7-27　自由段长 0.6 m、锚固段长 0.5 m 时的加速度响应曲线

与前面的测试结果相比，从图 7-27 中无法直观判断固端反射点的位置，由自由段起点时间为 60 μs，自由段长度为 0.6 m，根据前面计算公式，固端反射点大概在图 7-27 中圆圈标注的位置。但图 7-27 中标注的位置并没有大波谷起跳或应力波突变现象出现，因此无法根据此加速度响应曲线准确判断固端反射点的位置，即 Δt 无法求出。

锚杆自由段长度为 0.78 m 时，测试曲线中可以明显观察到应力波的突变现象，而锚杆自由段长减小为 0.6 m 时，无法观察到突变现象，更没有出现大波谷起跳现象。对这种现象进行分析：一个应力波的完整波长时长约 200 μs，半波约 100 μs，通常测试结果中会先出现一个首波，首波时长为 200 μs，所占锚杆长度至少在 0.5 m 左右，又半波时长约 100 μs，所占的锚杆长度约 0.25 m。测试结果中出现一个首波之后，会再出现反映锚杆自身特性的应力波，假设锚杆自由段长度仅为一个完整波或者介于一个完整波和一个完整波加一个半波之间对应的长度，那么从锚杆响应曲线中，在固端反射点根本不可能出现应力波突变或大波谷现象，也就无法准确地反映锚杆的特性参数，观察不到固端反射现象。因此锚杆长度必须大于一个完整波加一个半波所对应的长度，才会观察到应力波突变或大波谷现象。

因此对锚杆自由段长 0.6 m、锚固段长 0.5 m 的加速度响应曲线进行分析，得出当锚杆自由段长度小于 1.5 个波长对应的长度（约 0.75 m）时，不能清晰地判断固端反射点，也就无法计算出锚杆自由段长度和锚固段长度。

3. 锚杆全长 2.2 m，底端锚固 0.22 m

当设计的锚杆自由段长度小于 0.75 m 时，无法根据加速度响应曲线的测试结果计算出锚杆自由段长度和锚固段长度。下面设计锚固模型为锚杆自由段长1.98 m、锚固段长0.22 m，锚杆锚固方式和锚固过程与前两种相同，制作的模型如图7-28所示。

图7-28　自由段长1.98 m、锚固段长0.22 m

对模型进行加速度响应的测试，得到的结果如图7-29所示。

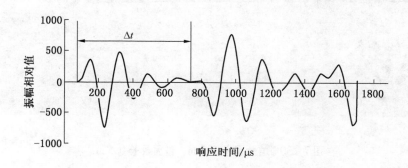

图7-29　自由段长1.98 m、锚固段长0.22 m时的加速度响应曲线

从图7-29中可以清晰地看到，t 在800 μs时出现了大波谷现象，t 在740 μs的位置点正是大波谷起跳前的位置，因此判断 t = 740 μs即是固端反射位置点。计算 Δt 为680 μs，根据公式计算出锚杆自由段的长度为1.99 m，与实际自由段长度仅有1 mm的差距，自由段长度的误差仅为0.5%。由此得到的锚固段长为

0.21 m，误差为4.7%，证明采用第一种方式中的计算方法是可行的。

对比图7-25与图7-29可知，在图7-25中自由段长度较短，仅为0.78 m，固端反射点出现了应力波突变现象，在图7-29中自由段长度较长，有1.98 m，固端反射点是大波谷起跳前的位置。由此可以得出，当自由段长度较小时，固端反射点的应力波可能会出现突变现象，应力波变化不太明显，但当自由段长度较长时，固端反射点的位置可能会出现大波谷现象，应力波的变化比较明显，可以清晰地观察到。

4. 锚杆全长2.6 m，锚固0.5 m

在上述实验中，自由段长度较短时，固端反射点不清晰，自由段长度较长时，固端反射点容易判断。下面设计自由段长度较长的锚固模型，对上述结论进行验证。设计的锚固模型锚杆自由段长2.1 m、锚固段长0.5 m，涉及的PVC管尺寸和锚固过程均与上述相同，制作的模型如图7-30所示。

图7-30   自由段长2.1 m、锚固段长0.5 m

对模型进行加速度响应测试，得到的结果如图7-31所示。

图7-31中的结果与图7-29相似，在时间$t = 1000$ μs时，应力波出现了大波谷现象，而大波谷起跳前位置点（约$t = 860$ μs）则可判断为固端反射点的位置，且出现的大波谷现象非常明显，大波谷起跳前的位置波形幅值又较小，与典型的端锚锚固状态下加速度响应曲线类似。根据图7-31得到$\Delta t = 800$ μs，计算得到自由段长为2.06 m，比真实自由段短4 mm，自由段的计算误差为2%；那

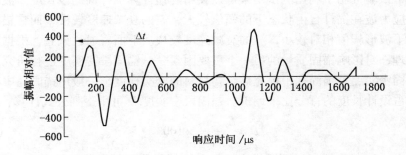

图 7 - 31　自由段长 2.1 m、锚固段长 0.5 m 的加速度响应曲线

么得到锚固段的长为 0.54 m，比实际锚固段长 4 mm，锚固段的计算误差为 8% 。由此可以验证，若自由段长度较长时，固端反射点的位置容易判断，根据加速度响应的结果计算得到的锚固段长度较精确。

对上述实验进行总结，得到的测试结果汇总见表 7 - 4。

表 7 - 4　试验测试结果汇总

序号	自由段长/m	锚固段长/m	检测锚固段长/m	误差率/%	波形特征
1	0.78	0.32	0.29	9	应力波在固端反射点出现了较明显的突变现象
2	0.6	0.5	0	0	应力波在固端反射点没有观察到明显的突变或者大波谷现象
3	1.98	0.22	0.21	4.7	应力波在固端反射点后出现了清晰的大波谷现象
4	2.1	0.5	0.54	8	应力波在固端反射点后出现了明显的大波谷现象

表 7 - 4 的结果可以看出：自由段的长度对判断固端反射现象和计算结果都有明显的影响；若自由段长度低于 1.5 个波长（约 75 cm）对应的长度，则应力波反射中不易发现固端反射现象，固端反射位置点无法准确判断，也就无法准确计算锚固段长度，这也是设计的无损检测系统存在的弊端；若自由段长度大于 1.5 个波长对应的长度，则应力波的反射中可以观察到突变现象，且自由段长度较长时，可以观察到应力波出现了大波谷现象，固端反射点位置清晰且易判断，因此可以准确判断锚固段的长度。

7.3.2　锚固段密实度的判断

前述试验证明，锚杆锚固状态下的加速度响应曲线与锚杆的锚固质量密切相关，上节试验证明了利用测试结果可以较精确地计算锚杆锚固段长度。波动理论指出，应力波在锚杆自由状态下的幅值较大，波的衰减速度较慢，而在锚杆有锚固状态下波形幅值相对较小，波的衰减速度较快。下面将通过试验，根据波动理论的原理，对影响锚固质量的另一个重要因素——锚固段密实度进行研究。

锚固密实度是锚固孔中填充黏结物材料的密实程度，一般用锚固孔中有效锚固长度占设计长度的百分比来评价。锚固段密实度 D 可用下列公式计算：

$$D = \frac{L_1 - L_2}{L_1} \times 100\% \qquad (7-5)$$

式中，L_1 代表锚杆锚固段长度；L_2 代表锚固段中缺陷段的长度。

制作了有效锚固长度不同的模型，用来模拟不同锚固密实度的锚杆。

1. 锚固段无缺陷

设计的锚固模型为锚杆全长 2.25 m、底端锚固 1.2 m，中间没有缺陷。采用直径为 75 mm 的 PVC 管作为模子，将锚杆插进 PVC 管中间，用水泥砂浆进行浇筑锚固，定期养护。模型干燥固化后，将外围的 PVC 管拆掉，得到的锚固模型如图 7-32 所示。

图 7-32　端锚无缺陷锚杆

对模型进行加速度响应测试，得到的测试结果如图 7-33 所示。

本模型锚固段没有缺陷，是典型的锚杆端锚锚固状态。从图 7-33 的结果中可以看出，应力波在锚杆自由段传播较规则，固端反射点清晰可见，锚固段的波衰减速度比较快，底端反射现象比较微弱，应力波在锚固段中没有出现缺陷，波峰波谷的最高幅值在 1000 左右。据此加速度响应曲线，结合波动理论，可以判断锚固段的密实度较强，在 90% 以上。

2. 锚固段缺陷长 40 mm

设计锚固有缺陷的锚杆，模型的锚杆自由段长 1 m、底端锚固 1.2 m，底端锚固段中含有缺陷，缺陷段长 0.4 m。锚固时，先在锚杆底端装填 0.4 m 的水泥砂浆，然后在中间加 0.4 m 的沙子，最后在顶部装填 0.4 m 的水泥砂浆，砂浆固

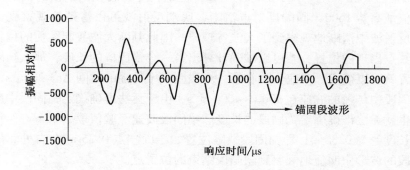

图 7 - 33　无缺陷状况下加速度响应曲线

化后将 PVC 管拆掉，沙子倒出，制作好的缺陷段锚固模型如图 7 - 34 所示。

图 7 - 34　中间缺陷 0.4 m 的锚固模型

对模型进行加速度响应测试，得到的结果如图 7 - 35 所示。

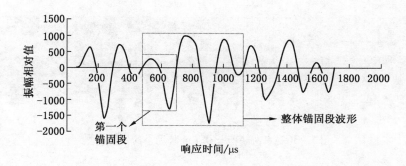

图 7 - 35　缺陷 0.4 m 状况下加速度响应曲线

对比图 7 – 33，图 7 – 35 的一个明显特征是，应力波在锚固段的幅值显著变大，幅值最高达 1600，固端反射点清晰，底端反射波可以清楚地观察到，且在锚固段反射波中清晰地观察到了大波谷现象。因此判断大波谷起跳前的位置点是缺陷位置点出现的位置，若可以准确计算出第一个锚固段的长度，那么缺陷点开始的位置就可以确定。又应力波在第一个锚固段中传播的时间 $\Delta t = 200~\mu\text{s}$，应力波在锚固段中传播的波速在 3000 ~ 4000 m/s，由于无法准确确定锚固段中应力波波速，也就无法准确确定锚固段的长度。锚固段波速经验值取 3500 m/s，计算出锚固段长度约为 0.35 m，即锚固段缺陷位置始于固端点 0.35 m 左右处。但无法从锚固段的波形中明显地观察到缺陷段结束的位置点。

究其原因，缺陷段实际长度为 0.4 m，上节中总结出一个完整应力波所占自由段长度至少为 0.5 m，因此推断 0.4 m 的缺陷段应力波中未明显地反映出来是正常现象。但从锚固段的应力波幅值较大，完整锚固状态下幅值（约 1000）/缺陷状态下幅值（约 1600）= 62%，根据幅值比计算的锚固段大致密实度与真实值 67% 较接近。仅从幅值比判断锚固段的密实度是片面的，又根据应力波在锚固段中衰减速度较慢、底端反射波较清晰这些特征，结合波动理论，推断锚固体的密实度在 50% ~ 70%。

3. 锚固段缺陷长 70 mm

上面试验中测试了缺陷段长为 0.4 m 左右时，根据应力波的反射结果，结合波动理论，判断出的锚固段密实度较准确，但缺陷段长在 0.4 m 时无法确定缺陷段结束的位置，因此有必要再设计一组实验，加大缺陷段长度（设计值为 0.7 m），如第一个锚固段长度为 0.15 m，第二个锚固段长度为 0.35 m，进行测试，观察结果。

试验模型如图 7 – 36 所示，测试结果如图 7 – 37 所示。

图 7 – 36 中间缺陷长 0.7 m 状况下的锚固模型

结合图 7 – 37 进行分析，在锚固段缺陷较长时，发现没有固端反射现象，应

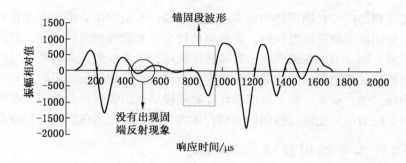

图7-37　缺陷长0.7 m状况下的加速度响应曲线

力波在首波之后逐渐衰减，直到底端反射波出现，此反射波结果类似典型的端锚锚固状态下的曲线，因此判断应力波未在第一个锚固段中发生反射现象，而是直接绕着第一个锚固段传播过去，直到底端反射出现。

应力波在第一个锚固段中，未发生明显的固端反射现象，极有可能是第一个锚固段长度为0.15 m，太短，半个应力波对应长度0.25 m，应力波绕过锚固段，向里继续传播。大波谷起跳前的位置 $t = 765$ μs 处，判断为第二个锚固段起跳前的位置，由此可以计算出锚杆自由段长约为1.84 m，则锚固段的长约为0.41 m。据此计算出锚固段的总体密实度为34%，实际密实度约为40%（表7-5）。产生的误差可能是因为第一个锚固段长度太短，应力波绕过锚固段向锚杆体内传播。

表7-5　试 验 测 试 结 果

序号	波 形 特 征	实际密实度	检测密实度
1	应力波传播较规则，固端反射较清晰，底端反射微弱可见，波形幅值较小，波的幅值在锚固段衰减速度较快，没有发现反映缺陷点的应力突变现象	100%	90% 以上
2	应力波在锚固段传播有不规则现象，固端反射较清晰，底端反射较明显，波形幅值较大，波的幅值在锚固段衰减速度较慢，出现反映缺陷的大波谷现象	67%	50% ~70%
3	应力波传播较规则，没有出现固端反射现象，底端反射清晰可见，波形类似于端锚锚杆曲线	40%	34%

综上可知，锚固段密实度不同时，锚杆体中反射应力波曲线有所不同，可以

根据测试得到的曲线对锚固体的密实度进行判断；若锚固体的密实程度较好，则应力波在锚固段中衰减速度较快，波形幅值较小，底端反射微弱可见，若锚固体密实度较差，则应力波在锚固段中衰减速度较慢，波形幅值较大，底端反射清晰可见，可根据此理论对锚固体的密实程度进行评价；若缺陷段较短时，只可能观察到缺陷段开始位置点，而无法准确计算缺陷段结束位置点；若缺陷一端的锚固段较短时，应力波可能绕过锚固段向锚杆体内传播，不会出现固端反射现象。

7.4　锚杆体中锚固段波速的研究

前面的试验中，观察到用水泥药卷锚固锚杆时，不同配比水泥药卷锚固的锚杆（锚固质量不同）加速度响应曲线不同，主要体现在底端反射波的时间不同。由固端反射点时间相同而底端反射点的时间不同，推断应力波在锚固段不同时传播的波速也不同。求锚固段缺陷点位置时，由于锚固段波速未知，无法准确求出锚固段的缺陷位置。综上，锚固段的波速是一个未知的变化量，而对于求解锚固段缺陷的位置又有特殊意义，因此有必要对锚固段波速这一概念进行研究。

7.4.1　锚固段波速的概念

所谓锚固段波速是指通过力锤激发产生的应力波在传至锚固介质与锚杆杆体和围岩锚固段时的速度，随着锚固质量的变化而变化。那么应力波在锚固段传播的波速具有什么样的规律，与哪些特征有关呢？下面将对锚固段波速变化量这一概念进行说明。建立应力波在锚固界面传播的物理模型，考虑到应力波与光波传播过程一样，当它从一种介质进入与之接触的另一种介质时，由于两种介质的波阻抗不同，应力波将在两种介质的分界面同时发生反射和折射。通过物理学模型探究应力波垂直入射截面几何形状相同的锚杆和锚固体介质截面上的反射和透射过程。

图 7-38 所示为应力波在锚固界面处的传播过程，其中 M 界面代表锚杆体，N 界面代表锚固体，I 代表入射应力波，R 代表反射的应力波，T 表示应力波透射到锚固体的部分，ρ_0 表示锚杆的密度、V_0 表示锚杆中应力波的波速、A_0 表示锚杆的横截面面积，ρ_1 表示锚固段围岩的密度、V_1 表示锚固段中应力波的波速、A_1 表示锚固段的横截面面积，$\rho_0 V_0 A_0$ 表示锚杆传播的波阻抗，$\rho_1 V_1 A_1$ 表示锚固段的波阻抗。

从图 7-38 中可知，应力波传至锚固界面之前的强度为 σ_1，传至锚固界面时，入射应力波 I 首先会发生反射，反射回锚杆体内，反射应力波用 R 表示，一部分还要发生透射，T 表示透射应力波。反射波的强度用 σ_2 表示，锚固界面左侧的质点因反射波而获得的速度增量为 V_2，透射波的强度用 σ_3 表示。

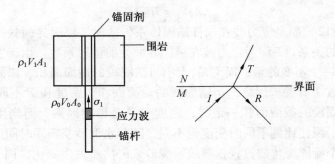

图 7-38 应力波在锚固界面处的传播过程

根据应力波在材料中的传播特性，V_0、V_2 可用下式表示：

$$\begin{cases} V_0 = \dfrac{\sigma_1}{\rho_0 A_0} \\ V_2 = -\dfrac{\sigma_2}{\rho_0 A_0} \end{cases} \qquad (7-6)$$

因此，反射和入射波叠加后引起的锚固界面左侧质点的速度和应力分别为

$$\begin{cases} V_M = V_0 + V_1 = \dfrac{\sigma_1}{\rho_0 A_0} - \dfrac{\sigma_2}{\rho_0 A_0} \\ \sigma_M = \sigma_1 + \sigma_2 \end{cases} \qquad (7-7)$$

锚固界面的右侧只有透射波通过，因此质点的速度和应力分别为

$$\begin{cases} V_N = V_3 = \dfrac{\sigma_3}{\rho_1 A_1} \\ \sigma_3 = \sigma_N \end{cases} \qquad (7-8)$$

根据连续性条件，在界面处质点的速度和应力应该相等，即

$$V_M = V_N \qquad \sigma_M = \sigma_N \qquad (7-9)$$

而将式 (7-7)、式 (7-8) 代入上式，可得到下式：

$$\frac{\sigma_1}{\rho_0 A_0} - \frac{\sigma_2}{\rho_0 A_0} = \frac{\sigma_3}{\rho_1 A_1} \qquad (7-10)$$

从而可解析出透射波引起的质点速度增量：

$$V_0 = V_1 \frac{2\rho_0 A_0}{\rho_1 A_1 + \rho_0 A_0} \qquad (7-11)$$

令 $T = \dfrac{2\rho_1 A_1}{\rho_1 A_1 + \rho_0 A_0}$，公式可转化为

$$\rho_1 A_1 V_1 = T\rho_0 A_0 V_0 \qquad (7-12)$$

式（7-12）即是应力波在锚杆锚固体系传播时，锚固界面处的波阻抗与透射系数之间的关系，T 即为应力波在锚固界面处的透射系数。由于在锚杆自由段中 $\rho_0 A_0 V_0$ 是一个不变的量，而 V_1 的大小与锚固段的截面面积、锚固段材料的密度和透射系数 T 有关。因此，当锚固段的截面面积、密度和 T 不同时，V_1 也不同。又当锚固段的截面面积一定时，密度和 T 是影响因素，而当用水泥砂浆作锚固介质时，配比比例不同时密度也不同，随着水泥砂浆锚固时间的增加，水泥砂浆会有一个凝固变化的过程，导致水泥砂浆的性质发生变化，同时透射系数 T 也随之变化。

因此，锚固段的波速会随着水泥砂浆配比比例的不同而不同，也会随着时间的增加而变化。文献 [92-93] 指出了锚固段波速的具体表达式，简述如下：

当应力波绕过锚固界面在锚固段中传播时，传播过程如图 7-39 所示。其中 A_{00}、A_{11} 表示波阵面后的围岩截面积，ρ_{00}、ρ_{11} 表示波阵面后的围岩密度，其中 A_0、A_1 表示波阵面前的围岩截面积，ρ_0、ρ_1 表示波阵面前的围岩密度。

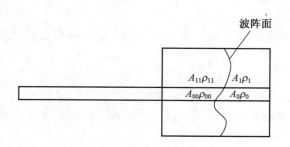

图 7-39　应力波在锚固段内的传播过程

在小应变的情况下，应力波在锚固剂—锚杆体系中传播时，锚固剂和锚杆的界面在波阵面随后的区域中发生畸变，且沿弯曲表面有动态剪应力 τ。根据杆体和锚固介质的稳态连续条件和控制体积的动量方程，考虑锚固体的约束条件，可得锚固段的波速 V_1 为

$$V_1^2 = \frac{A_1 C_1 + A_2 C_2}{A_1 \rho_1 + A_2 \rho_2} \qquad (7-13)$$

式中，C_1 为波阵面前锚杆的折算刚度；C_2 为波阵面前围岩的折算刚度。在令 $\varepsilon = A_1/A_2$，当 $\varepsilon \to 0$ 时，即 $A_1 \ll A_2$，V_1 即为应力波在围岩中的传播速度；当 $\varepsilon \to \infty$ 时，即 $A_1 \gg A_2$，V_1 即为应力波在锚杆中的传播速度。因此，总结出应力

波在锚固段传播的速度介于围岩中的速度和锚杆杆体中的传播速度之间。那么锚固段的波速变化会呈现什么样的趋势呢？下面将通过实验对这一变化规律进行研究。

7.4.2　锚固段波速变化的试验研究

试验采用外径为 75 mm 的 PVC 管对锚杆进行锚固，用水泥砂浆作为锚固介质，采用不同配比比例的水泥砂浆模拟不同锚固强度的锚固体。试验过程中锚固了 3 根锚杆，各锚杆的相关参数见表 7 - 6。

表 7 - 6　锚杆的锚固参数

锚杆序号	直径/mm	自由段长/m	锚固段长/m	材　料	锚固强度
1	16	0.25	2	普通钢	差
2	20	0.2	1	圆钢	中等
3	20	0.3	0.8	螺纹钢	强

制作的实验模型如图 7 - 40 所示。

模型制作好以后，对锚杆外的围岩水泥砂浆定期进行养护，并测定不同的养护时间内，全长锚杆的加速度响应和底端反射时间。锚固段的波速可用下式计算：

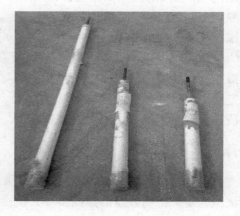

$$V_1 = \frac{2l_1}{t_2 - 2\dfrac{l_0}{V_0}} \qquad (7 - 14)$$

式中，l_0 为锚杆自由段的长度；l_1 为锚杆锚固段的长度；V_0 为锚杆自由段的传播速度；V_1 为锚杆锚固段的传播速度；t_2 为锚杆底端的反射时间。

图 7 - 40　锚杆的锚固外形

锚杆的无损检测系统与上述相同，每隔两天对锚固体进行一次测试，将测试得到的参数代入其中，得到锚固段的波速与养护时间的关系，具体如图 7 - 41 所示。

从图 7 - 41 中可以发现，3 根锚杆加速度响应曲线的共同点是，在锚杆锚固的初期，测试得到的加速度响应曲线跟自由状态下的结果相同，应力波在锚固段的传播速度跟自由段中的速度相等，均为 5120 m/s，这是因为在水泥砂浆浇注锚杆的初期，围岩对锚杆并没有黏结力，水泥砂浆还没起到锚固的效果。观察到锚

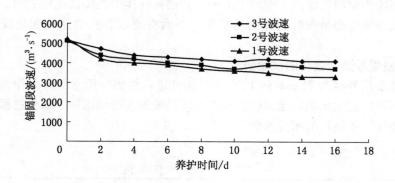

图 7-41 锚固段波速与时间的关系

杆底端的反射时间 t_2 会随着养护时间的增加而向后延长，说明锚固段的波速随着时间的增加而逐渐减小，并在 14 d 后不再变化，基本趋于稳定状态。不同的是，3 根锚杆的波速变化过程和结果不一致。1 号锚杆锚固强度最弱，最终波速稳定在 4200 m/s 左右；2 号锚杆锚固强度中等，波速稳定在 3700 m/s 左右；3 号锚杆的锚固强度最强，波速稳定在 3200 m/s 左右。

从而可以得出以下结论：锚杆锚固的初期，锚固段波速即为自由状态下的传播速度；锚固段的波速会随着养护时间的增加而逐渐减小，并在 14 d 后趋于稳定状态；锚固段的波速与锚固体的锚固强度有直接关系，锚固强度较强时，锚固段波速较大，反之，锚固强度较弱时，锚固段波速较小。

7.5 本章小结

本章研发了针对煤巷锚杆的锚固质量无损检测系统，并在实验室进行了相关试验，结果证明开发的锚固质量无损检测系统是可靠的。

（1）开发的锚杆无损检测系统主要包括激振模块、接收模块、信号处理模块和数据存储模块，探索了加速度传感器的正确安装方式以及试验过程中应该注意的问题，为以后仪器的准确测试打下了坚实基础。

（2）利用仪器测试了应力波在锚杆锚固体系中的传播规律：不同锚固方式的锚杆波导特性有差异，可以根据应力波的传播规律推测锚杆的锚固方式以及是否锚固；同种锚固方式、不同锚固质量的锚杆波导特性同样也会有差异，应力波的衰减速度与锚固体的黏结强度成正比，应力波的传播规律与锚固质量也显著相关。

（3）利用端锚锚杆的波导特性计算锚固段长度时，得到以下结果：自由段长度对于判断固端反射现象和计算结果都有明显影响；当自由段长度低于1.5个波长（约75 cm）对应的长度时，观察不到固端反射现象，也就无法计算锚固段长度；但当自由段长度大于75 cm时，可以观察到固端反射之后出现了大波谷现象，固端反射位置清晰且易判断，计算的结果也就较准确。

（4）利用锚固段的波导特性判断锚固段密实度时，得到以下结果：锚固段密实度不同时测试得到的波导特性有所不同；当锚固体的密实程度较好时，应力波在锚固段中衰减速度较快，波形幅值较小，底端反射微弱可见，当锚固体密实度较差时，应力波在锚固段中衰减速度较慢，波形幅值较大，底端反射清晰可见，可据此对锚固体的密实程度进行评价。

（5）试验中观察到锚固段的波速随时间变化，与锚固段的材料密切相关；锚固初期，锚固段波速即为自由状态下的传播速度；锚固段的波速会随着养护时间的增加而逐渐减小，并在14 d后趋于稳定；锚固段的波速与锚固体的锚固强度有关，锚固强度较强时，锚固段波速较大，反之亦然。

8 锚固体承载及破坏状态时无损检测实验

8.1 锚杆承受工作荷载与锚固体破坏状态分析

上一章对锚杆非承载条件下的扰动特性进行了研究，并建立了锚固质量与波导特性之间的关系，但在煤矿巷道实际情况下，如在锚杆安装的过程中一般都施加预紧力，对锚固质量进行检测的过程也多是在承载条件下进行的。如果对锚杆施加预紧力，让锚杆承受载荷，那么锚固体的波导特性会有什么变化呢？波导特性与锚固质量之间又有怎样的关系？因此有必要对锚杆承载状况下的波导特性做进一步的研究。

矿山压力理论指出，锚固质量是影响巷道围岩稳定性最重要的影响因素，已知建立了锚固质量与波导特性之间的参数关系，那么可知当锚固体的稳定性不同时，锚杆的波导特性也会有所不同。因此如果能建立锚固体的稳定性与其波导特性之间的关系，那么便能根据锚固结构的波导特性推断锚固体的稳定性，并能对支护结构的安全性做出现场评估，对锚固体稳定性较差的结构，保证在其失稳之前采取有效的加固防治措施，达到主动控制围岩变形及其稳定性的目的。现场实时获取围岩压力的活动信息，主动采取必要的控制措施，是阻止巷道失稳的有效技术手段。

如果要建立锚固体稳定性与其波导特性之间的关系，就要对锚固体中的锚杆在激发荷载作用下加速度响应曲线进行现场检测并进行实时分析，获取锚固体在不同稳定性阶段的加速度响应曲线的变化，这些变化反推锚固体的稳定性，掌握锚固体稳定性的活动规律。将锚固体失稳较滞后的信息超前获取，变被动支护为主动支护，周而复始，防患于未然。要对现场巷道围岩锚固体稳定的各个阶段进行加速度响应曲线测试，有一定的困难，不易实现，因此在实验室如果能模拟锚固体的不同稳定性，而通过测试获取加速度响应是一种不错的方式。

当锚固体的稳定性变化时，锚杆所承载的工作荷载也必然会随之变化，因此通过改变锚杆结构中锚杆的工作荷载，可以实现改变锚固结构稳定性的目的。实

验室模拟锚固体不同稳定性的方法是，对锚固体模型中的锚杆施加工作荷载，随
着工作荷载的变化，锚固体会产生变形破坏现象，用锚固体变形破坏不同程度来
模拟锚固体的不同稳定性。当变形破坏程度较轻时，表示锚固体稳定性较好，反
之当变形破坏程度严重时，表示锚固体稳定性较差。通过对不同稳定性的锚固体
进行无损检测研究，分析应力波在其中的传播规律，揭示锚固体稳定性与应力波
传播特性之间的关系。

8.2 锚固体在承受工作荷载时的无损检测研究

为了解锚杆在承载状况下的加速度响应曲线，弄清煤矿现场施加预紧力的锚
杆锚固质量与波导特性之间的关系，研究基于锚杆工作载荷导致应力波传播特性
变化，作者及其团队开发了锚杆锚固实验台，并在河南理工大学相似模拟试验大
厅进行了相似模拟实验。

8.2.1 锚杆承载模型的建立

首先建立锚杆在承载状况下的模型，然后一边施加载荷，一边对承载的锚杆
进行加速度响应的测试。

1. 实验装置的设计

为制作锚杆在树脂锚固剂锚固状态下的模型并能实现承载，作者及其团队在
实验室自行研发了锚杆锚固—承载试验台。设计原理是，实验台由底座浇注固定
在地面上，试验台中的夹具可以夹住并固定紧放有水泥砂浆的 PVC 管（内预留
有锚固孔），并可用手持式锚杆钻机搅拌锚固孔内的锚固剂，达到锚固锚杆的目
的。试验台的机架主体框架上可放置加压装置（包括环形油缸、手动油泵、数
显表），环形油缸可以给锚固好的锚杆施加工作荷载，使其承受压力，施加载荷
过大时，锚杆会被从锚固孔内拉出。设计的试验台的外形结构示意如图 8 - 1
所示。

试验台主要由机架、支架腿、底座和夹具组成，整体结构尺寸为 2000 mm ×
1000 mm × 1000 mm，其中底座可浇注固定在地面上，支架腿用来支撑实验台，
夹板可通过螺母固定在机架上，固定座上可放置环形油缸，固定板用来放置加压
装置的手动油泵部分。

该实验台已获得国家实用新型专利(实用新型专利号:ZL 2014 20 046772.4,
授权公告日：2014 年 6 月 25 日)，并在实验室成功进行了应用，结果表明，该
实验台结构新颖独特，可以在本实验台上进行锚杆的锚固仿真过程。

2. 模型的设计与制作

为了达到实验目的，设计了锚杆模型参数（表 8 - 1）。

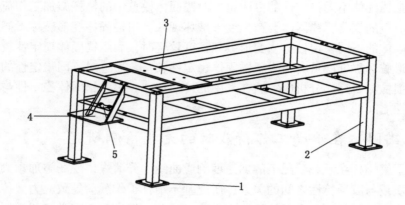

1—底座；2—支架腿；3—固定板；4—固定座；5—夹板

图 8-1 锚杆锚固试验台结构示意图

表 8-1 锚杆模型参数

序号	锚杆直径/mm	锚杆长度/m	锚固段长/m	锚杆材质
1	18	1.1	0.4	螺纹钢
2	20	1.2	0.4	圆钢
3	18	1.1	0.5	螺纹钢
4	18	1.1	0.6	螺纹钢

　　用水泥砂浆作围岩壁，先制作水泥砂浆模型。水、水泥、沙子按一定比例配成强度适当的水泥砂浆，然后将配比的砂浆填进直径为 160 mm 的 PVC 管中，中间用直径为 28 mm 的细 PVC 管做锚固孔模型，等待 1 d，模型开始固化后，慢慢将细 PVC 管抽出来，这样预留有锚固孔的水泥砂浆模型便制作好了。

　　模型制作好以后放置在设计的试验台上，用夹具夹住，然后将树脂锚固剂塞进锚固孔，用手持式锚杆钻机搅拌锚固剂，锚固过程中使用的工具如图 8-2 ~ 图 8-5 所示。

　　锚杆的锚固过程（图 8-6）如下：先将空气压缩机通过橡胶管与手持式锚杆钻机接通，并用 U 形卡卡紧，然后在锚杆钻机里装上搅拌器，搅拌器另一端卡住锚杆的螺母，连接好以后，开始给压缩机供电，起动锚杆钻机。打开锚杆钻机的开关，锚杆钻机在压缩机的供气下发生旋转，这时用力快速推动锚杆钻机，直至推到底部，完成锚杆锚固。

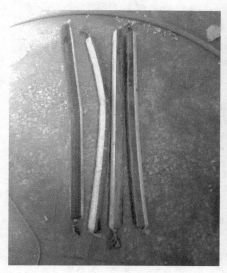

图 8-2　树脂锚固剂

图 8-3　手持式锚杆钻机

图 8-4　锚杆搅拌器

图 8-5　空气压缩机

根据表 8-1 中参数制作的锚杆锚固模型如图 8-7 所示。

图 8-6 锚杆锚固过程　　　　　　　　图 8-7 锚固好的模型

3. 给锚杆施加工作荷载

锚杆锚固好以后，开始给锚杆施加工作荷载，使用加压装置给锚杆加压，模拟煤矿巷道锚杆由于矿山压力受到的拉拔力。使用锚杆拉力计作为加压装置（图 8-8），由手动油泵、环形油缸、数显表（图 8-9）等部分组成，锚杆拉力

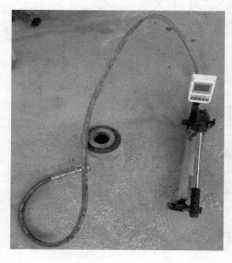

图 8-8 加压装置　　　　　　　　　　图 8-9 数显表

计最大可以施加 300 kN 的力，空心环形油缸最大可以伸长 60 mm，数显表可以实时显示拉力计加载的力。

　　将手动油泵放置在试验台上部的平座上，用螺母固定手动油泵，环形油缸套在锚杆外面，外漏端用挡板套在锚杆端部，用螺母固定住挡板。把加速度传感器放在锚杆端头（图 8 - 10），压手动油泵摇杆给环形千斤顶施加压力，同时用力锤施加激振测试加速度响应（图 8 - 11）。

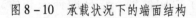

图 8 - 10　承载状况下的端面结构　　　　图 8 - 11　承载状况下的测试过程

8.2.2　锚固体承载变化特征及测试结果分析

　　锚杆在承载状况下模型制作好以后，根据前述的测试方法，边施加荷载边对模型进行无损检测。具体是，在锚杆端头放置完传感器以后，用力锤施加冲击荷载，环形油缸每增加 5 kN 的力，用力锤敲击锚杆端头一次，同时加速度传感器接收一次反射波。随着加压装置不断地施加压力，锚杆的黏结力会达到极限状态，最后锚杆会被从模型中拉拔出来，拉出结果如图 8 - 12 所示。

　　在给锚杆施加工作荷载的过程中，针对 4 种类型锚固的锚杆，观察到了不同的现象：

　　（1）1 号锚杆模型为螺纹钢锚杆，锚杆全长 1.1 m、底端锚固 0.4 m，给锚杆持续加载，加载到 30 kN 左右时，锚杆的固端界面开始出现裂纹现象，加载到 50 kN 时，固端面上开始有碎的砂浆掉下，加载到 70 kN 时，固端面周围的 PVC

(a) 拉出时的围岩-锚杆形状　　　　　　　　(b) 锚杆外粘有锚固剂

图 8 – 12　模型中被拉出的锚杆

管部分开始出现胀裂现象，同时裂纹逐渐变大，至此锚杆总共向外伸长了 8 mm。当加载到 80 kN 时，锚杆开始明显地向外伸长，且数显表上的读数突然骤降，说

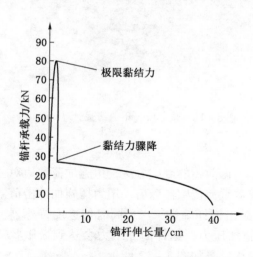

明锚杆达到了最大极限黏结力，锚固部分已经开始被破坏。数显表上的读数降至 28.8 kN，锚杆以 28.8 kN 的阻力向外抽出，之后降为 15 kN，又降为 9 kN，最后降为 5 kN，慢慢地锚杆被拉出了锚固模型。锚杆的伸长和所施加的荷载之间的关系如图 8 – 13 所示。

（2）2 号锚杆模型为圆钢锚杆，锚杆全长 1.1 m、底端锚固 0.4 m，锚杆被拉拔出锚固模型的过程中，出现的现象与 1 号锚杆类似。不同的是，锚杆的极限黏结力降为 70 kN，在达到极限黏结力之前，锚杆共伸长了 13 mm，黏结力骤降值小于 28.8 kN，且在超过

图 8 – 13　锚杆承载力与伸长量的关系

极限黏结力后，锚杆被拉出速度快于 1 号锚杆。

（3）3 号锚杆模型为螺纹钢锚杆，锚杆全长 1.1 m、底端锚固 0.5 m，锚杆承载过程中，出现的现象与 1 号锚杆也较类似。锚杆极限黏结力升为 90 kN，达到极限黏结力之前，锚杆共伸长了 9.1 mm，达到极限黏结力后，黏结力骤降为

35 kN，锚杆被拉出的速度慢于 1 号锚杆，且黏结力变化慢于 1 号锚杆。此外，锚杆被拉出的过程中，固端面出现的裂纹状况、PVC 管胀裂现象以及固端面碎渣掉落现象都比 1 号锚杆较严重。

（4）4 号锚杆锚固模型为螺纹钢锚杆，锚杆全长 1.1 m、底端锚固 0.6 m，锚杆承载过程中，出现的现象与上述锚杆类似。不同的是，锚杆极限黏结力升为 105 kN，在达到极限黏结力之前，锚杆伸长了 10.5 mm，达到极限黏结力后，黏结力骤降为 45 kN，锚杆被拉出的速度较 3 号锚杆更慢，出现的固端面裂纹状况、PVC 管胀裂现象以及固端面碎渣掉落等破坏现象较上述锚杆都更严重。

1~4 号锚杆承载过程中的破坏现象见表 8-2。

表 8-2　锚杆承载过程中的破坏现象

序号	极限黏结力/ kN	锚杆伸长量/ mm	黏结力减小速度	固端面破坏现象
1	80	8	从 28.8 kN 之后，减小速度较快	固端面出现了裂纹、PVC 管胀裂、固端面碎渣掉落
2	70	13	快于 1 号锚杆	固端面出现了较小的裂纹、PVC 管轻微胀裂、固端面碎渣少量掉落
3	90	9.1	从 35 kN 之后，慢于 1 号锚杆	固端面出现了较 1 号锚杆严重的裂纹、PVC 管胀裂和固端面碎渣掉落现象
4	105	10.5	从 35 kN 之后，慢于 3 号锚杆	破坏现象较 3 号锚杆更严重

从 1~4 号锚杆承载过程中出现的现象，可以得出以下结论：锚杆承载被拉出的过程，与煤巷锚杆由于受到矿山压力活动的影响而被拉出的过程相似，固端面出现的破坏现象与煤巷顶板由于冒顶而出现的破坏现象类似，可以用锚杆承载不同状况模拟锚固体的不同破坏状态；螺纹钢锚杆的最大极限承载力要比圆钢锚杆大，伸长率却不如圆钢锚杆；最大极限黏结力与锚杆的锚固段长度密切相关，锚固段长度越长，最大极限黏结力越大，反之亦然；锚杆锚固段长度越长和最大极限黏结力越大时，承载时被拉出破坏的现象越严重；锚杆在到达最大极限黏结力之后，锚固剂已被破坏，不再起锚固作用，黏结力主要受摩擦力影响，锚杆在锚固段中留下的长度越短，摩擦力越小，黏结力的值也会随摩擦力的减小而逐渐减小，反之亦然。

　　以上结论为锚杆在承载状况下加速度响应测试奠定了基础，也为运用锚杆承载模型模拟锚固体不同稳定性做铺垫。从图 8 – 13 和以上结论中可以推论出，影响锚杆加速度响应比较明显的特征点主要是极限黏结力最大值点，此外锚固剂被破坏后锚杆在受摩擦力过程中响应变化也应该比较大。

　　由于上面测试过程中每隔 5 kN 测试了一次加速度响应，对 1 号锚杆挑选了几个有代表性的响应曲线，测试的结果如图 8 – 14 所示。

　　图 8 – 14 所示为 1 号锚杆在不同承载状况下的加速度响应曲线，从图中可知，锚杆的加速度响应曲线随施加载荷的不同，呈现有规律性的变化。图 8 – 14a、图 8 – 14b 和图 8 – 14c 3 种波形是锚杆承受荷载达到极限黏结力之前测试的加速度响应，图 8 – 14d、图 8 – 14e 和图 8 – 14f 3 种波形是锚杆承受荷载超过

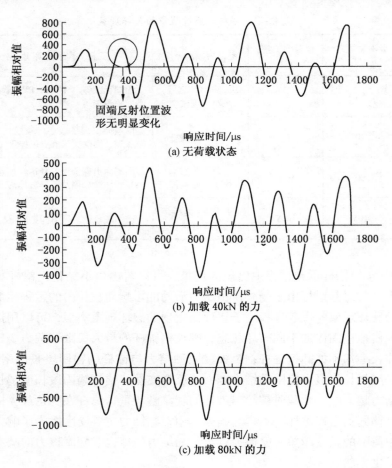

(a) 无荷载状态

(b) 加载 40kN 的力

(c) 加载 80kN 的力

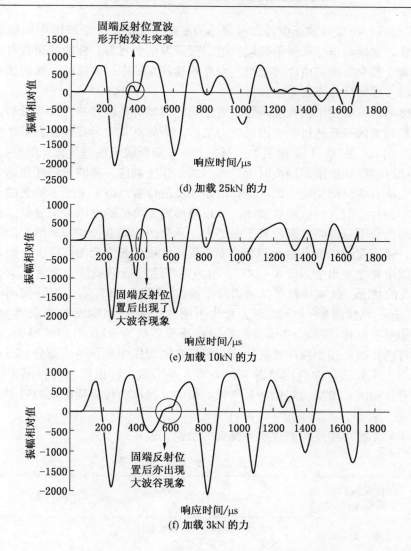

图 8-14 1 号锚杆承载过程中加速度响应曲线

极限黏结力,锚固剂失效的情况下测试的加速度响应,对测试得到的波形分别分析其波导特性。

观察图 8-14a、图 8-14b 和图 8-14c 3 种波形的波导特性可知,3 个波形没有明显的区别,其中在承载状况下的波形与无荷载状态下的波形相似。3 个波形较明显的特征是,由于锚杆自由段的长度较短(详见第 4 章判断固端反射位置），固端反射位置在波形中并没有明显的变化，无法从 3 个波形中判断固端反射的位置。这说明锚杆承受的荷载在达到极限黏结力之前，施加的荷载对锚杆的加速度响应没有影响，由此可推断，在煤巷锚杆支护中，给锚杆施加的预紧力对其自身的波导特性并没有影响。

既然锚杆荷载在未达到极限黏结力之前，荷载对其波导特性没有影响，那么当给锚杆施加的荷载超过其极限黏结力之后，荷载对其波导特性会有怎样的影响呢？图 8-14e、图 8-14d 和图 8-14f 3 个波形则反映了这一变化。图 8-14d 为荷载刚超过锚杆的极限黏结力时所呈现出的加速度响应，其波导特性与达到极限黏结力之前有明显的变化，即在锚杆的固端反射位置点波形发生了明显的突变现象，波形相对于前 3 种波形较规律。导致波形发生突变的原因，主要是锚固剂的破坏使锚杆与围岩砂浆之间没有了黏结力，承受的荷载会使锚杆从围岩砂浆中向外伸出，锚固段的长度会由此减小，而相反自由段的长度会由此变大，固端反射现象也就由此显现出来。图 8-14e 所示为锚杆达到极限黏结力之后，承受荷载为 10 kN 的状况，此时锚杆已从锚固段中被拉出了 20 cm 左右，实际锚固段长度只剩 20 cm。观察图 8-14e 波形，相比于图 8-14d，固端反射现象更为明显，波形传播更有规律。图 8-14f 所示为锚杆承受载荷为 3 kN 时测试得到的波形，此时锚杆已快被从锚固段中拉拔出来，锚杆在锚固段中残留一小部分。图 8-14f 的波形与 1.1 m 锚杆在自由状态下的波形几乎一致，这说明锚杆在围岩砂浆中残余部分较少时，摩擦力对锚杆几乎没有影响，摩擦力没有锚固剂的锚固力对锚杆影响大。

图 8-14 波形中反映的现象和得到的结论见表 8-3。

表 8-3　试验中的现象和结论

序号	锚杆承受荷载及在锚固段中位置	波 导 特 性	结 论
a	无荷载、完全锚固	观察不到固端和底端反射现象，波形传播不规律	无
b	加载 40 kN、完全锚固	同上	加载 40 kN 的力对锚杆的波导特性几乎没有影响
c	加载 80 kN、完全锚固	同上	施加的荷载未达到锚杆极限黏结力之前，荷载对波导特性没有影响
d	荷载刚超过极限黏结力、荷载降为 25 kN、锚杆轻微向外伸出	波形中可以观察到固端反射现象，底端反射也轻微可见，波的振动幅值明显变大，波形传播开始有规律性	载荷超过极限黏结力后，锚固剂的锚固效果已经开始失效，荷载开始对其波导特性产生影响

表 8-3（续）

序号	锚杆承受荷载及在锚固段中位置	波导特性	结论
e	荷载降为 10 kN、锚杆向外拉出 20 cm	波形中的固端反射和底端反射更进一步明显，波形传播规律性更强	锚固剂失效后，锚杆和砂浆之间由于接触而存在的握裹力，远没有锚固剂的锚固效果强
f	荷载降为 3 kN、锚杆在砂浆围岩中残留一小部分	与锚杆自由状态下的波形类似	锚杆的锚固力已完全失效时，仅存的与围岩之间的接触对波导特性没有影响，更观察不到底端锚固现象

荷载对 1 号锚杆波导特性的影响，总结起来即是，荷载未达到极限黏结力之前，对其波导特性影响不大，但当荷载超过其极限黏结力之后，荷载对波导特性的影响较大。由于 1 号锚杆已经完整地将锚杆在承载状况下的波导特性反映清楚，2 号、3 号和 4 号锚杆的波导特性应与 1 号类似，鉴于篇幅所限，这里不再赘述。

虽然在荷载未达到极限黏结力之前，荷载对锚杆波导特性没有影响，但试验中却观察到另外一个比较重要的现象，即锚杆的振动频率 f 与荷载之间存在着密切关系，测试得到的振动频率与荷载之间的关系如图 8-15 所示。

从图 8-15 中可以清晰地观察到，荷载在达到极限黏结力之前，锚杆在激振状态下的振动频率与荷载显著相关，近似呈幂函数关系。这与荷载在达到极限黏结力之前，加速度响应与荷载没有密切关系的结论直接相反。因此，如果想定性分析锚杆所承受的工作荷载与其波导特性之间的关系，必须从频率域的角度出发对其进行研究。

从如果能够推导出锚杆受激的振动频率与荷载之间确定的关系，那么就可以根据测试的振动频率求解出未知状况下锚杆所受的工作荷载，并将其应用到煤巷锚杆的实际支护检测中，使锚杆锚固力在失效之前，采取主动加固的方式弥补缺陷。文献 [95] 的研究指出了锚杆的工作荷载与其在激发荷载作用下系统的振动频率之间具体的关系，即

$$F = EA\frac{L^2}{2!}\left(\frac{2\pi f}{V_c}\right)^3 - EA\frac{2\pi f}{V_c} \qquad (8-1)$$

式中，L 为锚杆的全长；f 为锚杆受激的振动频率；V_c 为锚杆体中应力波的传播速度；E 为锚杆的弹性模量。

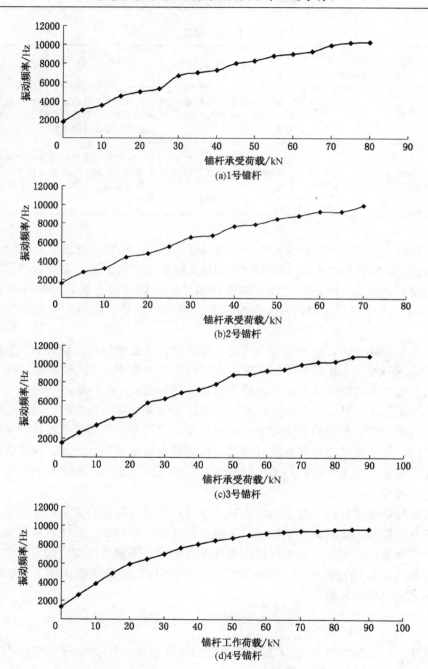

图 8 – 15　锚杆承受荷载与振动频率的关系

通过上述实验结果和文献推导出的公式,我们可以将其应用到煤巷锚杆实际支护的检测中,具体过程是:在某矿一条采用锚杆支护的巷道中,对要检测的锚杆进行实际标定,代入公式,建立锚杆支护体系的受激振动频率与工作荷载之间的确定关系,用无损检测技术先测定受激振动频率,再计算出锚杆的实际工作荷载,然后将其推广到类似巷道的锚杆中进行相似检测。

首先对4根锚杆在承载条件下拉拔过程中观察到的现象进行分析总结,然后对承载条件下的波导特性进行分析,最后总结出锚杆承载与振动频率之间的关系。从本节中可以推导出以下重要结论:

(1)锚固锚杆在工作荷载的作用下,失效的过程中观察到的现象在某种程度上与实际煤巷顶板锚杆失效出现的现象类似,因此可以在实验室建立相似的锚固模型,基于锚杆工作荷载的变化来模拟煤巷顶板锚杆支护时锚固体的不同稳定性。

(2)施加的荷载在未达到锚杆极限黏结力之前,锚杆的加速度响应与无荷载条件下的状况相同,荷载对其波导特性没有影响,在煤巷锚杆施加预紧力情况下,同样可以根据波导特性对锚固质量进行评价。

(3)施加的荷载达到锚杆极限黏结力之后,锚杆的加速度响应与无荷载状况下有很大区别,且随着施加荷载的增大,波导特性会继续发生变化,因此可以根据锚杆的波导特性判断锚杆锚固效果是否失效。

(4)施加的荷载未达到极限黏结力之前,锚杆的受激振动频率与施加的荷载密切相关,近似呈幂函数关系,煤巷锚杆实际检测中,在锚杆未失效前,可以先测出锚杆受激振动频率的值,然后再计算锚杆的工作荷载。

8.3　锚固体破坏状态下的无损检测研究

煤矿巷道锚杆无损检测的目的,就是希望通过测试锚杆端部的加速度响应得到其波导特性,然后根据测试得到的波导特性推断出在该根锚杆支护作用下锚固体的稳定性,然后根据得到的稳定性类型及时调整支护参数,对不稳定的锚固体及时采取主动加固的方式进行改善,预报锚杆支护的锚固效果和锚固体的稳定性。首先建立相似锚固模型,然后再对锚固模型施加荷载,模拟锚固体的不同稳定性,最后对得到的不同稳定性锚固体进行加速度响应测试,并对波导特性进行分析,总结锚固体的稳定性与波导特性之间的关系。

8.3.1　建立相似模拟模型

锚固模型用水泥砂浆材料作围岩,先在地面上制作了长方体模具,长方体模具结构如图8-16所示。

图 8-16   长方体模具结构图

　　模具主要由提手和模型箱组成，模型箱底部设置成空心的，模具可以自由放在地面上，抬动提手可以提起模型箱。根据模型箱制作出的围岩模型如图 8-17 所示。首先将模具自由平稳地放置在地面上，在模型箱内部刷上润滑油，然后将配比好的水泥砂浆（所用材料主要为水、水泥、沙子）倒进模型箱内，并在上端面用工具划平整。待模型固化后，抬动提手将模型箱抬出，砂浆的模型就自然形成了，模型尺寸为 1800 mm×500 mm×500 mm。定期对模型养护，待模型干燥后，用手持式锚杆钻机对模型钻打锚固孔。

图 8-17   锚固模型中钻打锚固孔

所打钻孔的直径为 28 mm，钻好的锚固孔如图 8-18 所示。钻孔打好以后，将树脂锚固剂塞进锚固孔内，随后将矿用标准螺纹钢锚杆插进锚固孔，开始进行锚杆的锚固。采用锚杆全长 2.25 m、直径为 18 mm，3 根 2335 的树脂锚固剂（锚杆和锚固剂如图 8-19 所示），根据三径匹配原则，经计算锚杆底端锚固长度约为 1.2 m。

图 8-18　钻好的锚固孔　　　　图 8-19　锚杆和树脂锚固剂

试验过程中制作了 3 种锚杆锚固模型，分别模拟锚固体的不同失稳模式（稳定、中等稳定和不稳定），如图 8-20 所示。其中模拟稳定锚固体时，围岩所用的水泥砂浆比例为 3:1:20（水:水泥:沙子）；模拟中等稳定锚固体的水

图 8-20　三种不同模型

泥砂浆比例为 6：1：40（水：水泥：沙子）；模拟不稳定锚固体的水泥砂浆比例为 12：1：80（水：水泥：沙子），即加入水泥的量依次减少。同时根据 3 种类型锚固体分别制作了小石块，如图 8 – 21 所示。

图 8 – 21　模型中提取的小石块

　　所制作小石块从左至右依次从不稳定锚固体、中等稳定锚固体、稳定锚固体中选择，将其放置在伺服试验机上进行抗压强度的测定，得到的结果是，不稳定小石块强度为 513 kPa，中等稳定小石块的强度为 1200 kPa，稳定小石块的强度为 2059 kPa，这说明稳定锚固体的强度是最强的，中等稳定锚固体次之，不稳定锚固体最差。这是试验过程中的设计目的，矿山压力理论指出，煤巷顶板实际稳定的锚杆锚固体周围的围岩强度较强，相对所能承受的荷载是最强的，最不易发生冒顶事故，而不稳定的锚固体通常状况下周围的围岩强度较小，锚固体易破碎，所能承受的荷载最小，极易发生冒顶事故。

　　根据上节得到的结论，对锚固体模型施加荷载可以模拟锚固体的稳定性，对锚固好的 3 种状况下的锚固体使用加压装置施加荷载，现场实际情况如图 8 – 22a 所示。

　　下面将对实验过程中的 3 种锚固体所施加的荷载大小以及锚固体的变形状况进行说明，详细阐述如下：

　　（1）模拟稳定锚固体。在煤巷锚杆支护的现场，锚固体较稳定时，由矿山压力的活动引起的影响较小，锚固体变形破坏较小。因此在实验室中当模拟稳定

(a) 加压整体结构　　　　　　　(b) 加压端面结构

图 8 - 22　锚固体承受荷载

锚固体时，施加的轴向荷载不对锚固体产生变形破坏即可。当施加的荷载达到 60 kN 时，锚固体端面并没有因施加预紧力而受到破坏，端面结构形状如图 8 - 23a 所示。

（2）模拟中等稳定锚固体。煤巷锚杆支护中，当顶板锚固体处于稳定状态和不稳定状态之间时，锚杆承受的工作荷载往往要大于预紧力，锚固体也不完整，会伴随有围岩破碎等现象，因此实验室模拟时，施加的荷载要大于预紧力而且要小于锚杆极限承载力，施加的荷载处于能使锚固体处于稳定和锚杆锚固失效之间。这里施加的荷载达到了 150 kN，此时锚固体的端面结构形状如图 8 - 23b 所示。施加载荷从 100 kN 起，锚固体端面已经开始出现裂纹，随着施加荷载的增加，裂纹逐渐变大，锚固体端面开始破碎，荷载达到 20 kN 时，锚杆底部的砂浆围岩部分开始垮落，从锚固体侧面观察，沿锚杆中心线附近，开始初次出现了裂纹。

（3）模拟不稳定锚固体。煤巷锚杆支护过程中，由于矿山压力活动的影响，锚杆所承载的工作荷载超过其所能承受的极限锚固力是正常现象，此时往往会导致锚固剂锚固效果失效，这种现象通常会使锚固体处于不稳定状态，严重时甚至会冒顶。实验室要模拟不稳定锚固体，施加的荷载必须超过锚杆的极限黏结力，首先要使锚固剂的锚固效果发生失效。试验过程中，当施加的荷载达到 250 kN 时，锚杆锚固失效，数显表上的读数骤降，再施加荷载，锚杆迅速向外移动，此时停止加载。当锚杆锚固失效时，锚固体的端面结构已经彻底破碎，从端面至中间位置，锚固体上都有裂纹，在靠近端面附近，沿锚杆中心线以下的围岩砂浆大部分也已垮落，具体如图 8–23c 所示。

 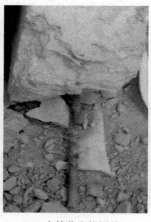 

(a) 稳定锚固体　　　　　(b) 中等稳定锚固体　　　　　(c) 不稳定锚固体

图 8–23　不同稳定状态下锚固体模型

8.3.2　实验结果及其分析

本节利用无损检测系统和测试方法，先对模拟的锚固体不同稳定性进行无损检测，然后根据测试得到的锚固体加速度响应，研究锚固体的稳定性与锚杆的波导特性之间存在的关系，最终预测锚固体不稳定前兆的波导特性信息指标。

1. 稳定锚固体的波导特性

由于稳定锚固体模型中只对模型施加了预紧力，模型并未因施加预紧力而产生影响，根据前述结论，推测施加荷载对锚固体波导特性影响不大。鉴于此，本次测试过程中，每隔 10 kN 测试一次加速度响应，观察测试得到的响应。结果表明，施加荷载前后，每一次加速度响应的波导特性没有发生变化，鉴于篇幅所限，下面只列举施加预紧力之后的加速度响应，具体如图 8–24 所示。

从稳定锚固体的加速度响应曲线中可知，波形的传播较有规律，其加速度响应与典型的锚杆端锚状态下的响应相似，且实验过程中观察到荷载对其波导特性

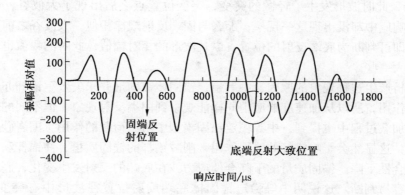

图 8-24 稳定锚固体的加速度响应曲线

没有影响。由于锚杆实际在底端锚固 1.2 m，自由段长 1.05 m，波导特性中显示，锚固体的固端反射位置较明显，之后出现了大波谷，而根据固结段的波速大致计算出了底端反射位置（4.4 节中结论表明不同锚固段中波速不能统一标准，只能大致参考），但在底端反射位置处波形没有变化，也就无法根据反射波波形判断底端反射位置。这说明，当锚杆通过锚固剂与围岩耦合较好、锚杆锚固质量优良状况下，锚杆的底端反射会有明显的不确定性，即无法从反射波波形中判断其底端反射准确位置。

2. 中等稳定锚固体的波导特性

对于中等稳定性的锚固体，测试结果如图 8-25 所示，下面将结合稳定锚固体的加速度响应，对比分析两者波导特性。从图 8-25 中首先可以较明确地找到固端反射的位置，这与稳定锚固体波导特性类似，不同的是，在 $t = 1000 \sim$

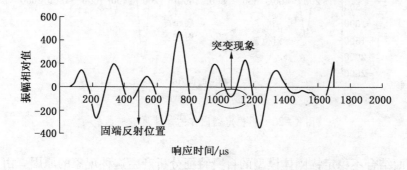

图 8-25 中等稳定锚固体的加速度响应

1200 μs，此时波形发生了轻微的突变，突变位置点之后出现了大波谷，而稳定锚固体响应中却没出现这一现象，那么与固端反射规律相似，大波谷之前的突变位置点即可判断为底端反射的位置。纵观波形的相对幅值，此时的幅值也较稳定锚固体大一些。

分析产生这种现象的原因，中等稳定锚固体锚固剂并未失效，锚杆亦然起到了锚固作用，所以从加速度响应中同样能观察到固端反射现象。但不同的是，前面模型加载过程中也提到，中等稳定锚固模型中由于荷载的作用，围岩砂浆发生了破坏，这显然会影响锚杆的锚固作用，削减锚杆的锚固质量，使锚杆和围岩之间的耦合性下降。锚固质量的下降会使应力波在底端的反射发生变化，底端反射较之前容易判断。这说明中等稳定锚固体底端反射位置在波形中有突变现象，较稳定锚固体中底端反射位置的波形有较大变化，但底端反射现象并不十分明显。

3. 不稳定锚固体的波导特性

不稳定锚固体的加速度响应曲线如图 8-26 所示，从波形图中可以首先判断出固端反射位置，但并不十分明显，固端反射位置点的波形只发生了轻微突变，而底端反射位置较固端反射位置波形有明显不同，底端反射位置点之后波形中有明显的大波谷，那么底端反射位置点可以从波形图中清晰地判断出。这种波形传播规律较稳定和中等稳定锚固体都有较大的改变。其波导特性中还有一个明显特征是，应力波在锚固段中传播时，波的幅值较小，传播到底端之后波的振动幅值突然变大。

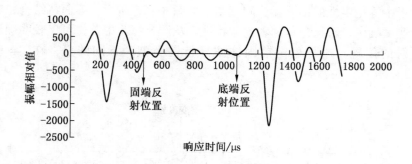

图 8-26　不稳定锚固体的加速度响应曲线

下面结合不稳定锚固体模型的自身特征分析产生这种现象的原因。由于给模型施加的荷载已超过其最大极限黏结力，导致锚固剂锚固效果失效，施加的荷载也使模型在锚杆中心线附近以下的部分破碎，所以锚杆在固端位置已产生了松动，致使握裹力发生了变化，肯定没有锚固剂失效之前的黏结效果好。鉴于此，当应力波传播至固端位置时，应力波很可能没有发生明显的变化，只产生了轻微的突变现象。当传至底端位置时，由于锚杆松动，也使得砂浆围岩与锚杆底端耦合效果不好，锚杆底端基本上等同于自由端。所以应力波在底端位置的反射基本上与自由状态下的底端反射相似。

对以上锚固体 3 种稳定性的波导特性进行总结，具体见表 8 - 4。

表 8-4　波 导 特 性 总 结

锚固体类型	破 坏 特 征	波 导 特 性
稳定型	荷载施加到预紧力，模型没有发生破坏现象	固端反射清晰、找不到底端反射位置点
中等稳定型	荷载施加到 150 kN，模型沿中心线产生裂纹，靠近固端面少部分发生垮落	固端反射较清晰，底端反射逐渐明显，波的振动幅值逐渐变大
不稳定型	荷载加载到 250 kN，超过其极限黏结力，模型沿中心线附近以下部分，大部分已破碎，锚杆在底端位置已松动	固端反射不十分明显，底端反射十分清晰，波在锚固段中传播的幅值较小，在锚固段之后幅值变大

以上建立了锚固体不同稳定性与波导特性之间的联系，前面章节中得出了锚固体振动频率与荷载之间存在幂函数关系的结论，同时本次试验对不稳定锚固体的振动频率进行了测试，同样给出了振动频率与施加荷载之间的关系曲线，如图 8 - 27 所示。

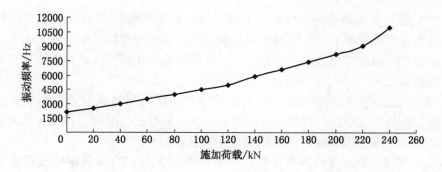

图 8-27　振动频率与施加荷载之间的关系

图 8-27 所示的结果与 5.1.2 节中实验研究得出的结论是相似的，即锚固体的振动频率随荷载的增加近似呈指数增长。对比 5.1.2 节中由 PVC 管端锚模型结果，两者曲线的凹凸向不同，这可能是因为两者建立的模型锚固范围不同，PVC 管模型只是端锚模型，而本节中建立模型与煤巷锚杆支护现场锚固体模型更接近。

此次试验可知：

（1）实验室通过制作砂浆围岩的立体模型，同时再对模型施加荷载，改变施加荷载的大小，可以模拟锚固体的不同稳定性，不同稳定状态下表现出的破坏特征与煤巷顶板锚固体的破坏特征相似。

（2）锚固体稳定性与其波导特性之间有密切关系，当锚固体处在稳定模式时，固端反射十分明显，底端反射观察不到；当锚固体处在中等稳定模式时，固端反射较明显，底端反射逐渐清晰；当锚固体处在不稳定状态时，固端反射逐渐模糊，底端反射十分清晰，应力波在锚固段中的幅值十分微弱，在底端反射之后，波形幅值相对较大。

（3）锚固体处于不稳定状态的前兆信息是，固端反射逐渐模糊，底端反射逐渐明显，锚固段中的波形幅值偏小，底端之后的波形幅值逐渐变大。

（4）锚固体处于不稳定状态之前，锚杆所受工作荷载与振动频率之间近似呈幂函数关系，可以根据测试振动频率的大小测试锚杆的工作荷载。当锚固体不同时，振动频率大小也不相同，幂函数的关系曲线凹凸向也不同。

8.4 本章小结

本章重点研究了锚固体的波导特性与其失稳模式之间的关系，进行了实验室相关实验，得到以下重要结论：

（1）建立了端锚锚杆承载状况下的模型，给锚杆施加荷载，观察到锚杆的失效过程在某种程度上与实际煤巷顶板锚杆失效出现的现象类似，基于此可以在实验室建立相似的锚固模型，根据锚杆工作荷载的变化模拟煤巷顶板锚杆支护时的不同稳定性。

（2）建立了砂浆围岩锚固锚杆的立体模型，同时再对模型施加荷载，通过改变施加荷载的大小，可以模拟锚固体的不同失稳模式，不同失稳模式所表现出的破坏特征与煤巷顶板锚固体的破坏特征较相似。

（3）锚固体稳定性与其波导特性之间有密切关系，当锚固体处在稳定状态时，固端反射十分明显，底端反射观察不到；当锚固体处在中等稳定状态时，固端反射较明显，底端反射逐渐清晰；当锚固体处在不稳定状态时，固端反射逐渐模糊，底端反射十分清晰，应力波在锚固段中的幅值十分微弱，在底端反射之后，波形幅值相对较大。

（4）锚固体处于不稳定状态的前兆信息是，固端反射逐渐模糊，底端反射逐渐明显，锚固段中的波形幅值偏小，底端之后的波形幅值逐渐变大。锚固体处于不稳定状态之前，锚杆所受工作荷载与振动频率之间近似呈幂函数关系，可以根据测试振动频率的大小测试锚杆的工作荷载。

参 考 文 献

[1] 侯朝炯，郭励生，勾攀峰．煤巷锚杆支护［M］．徐州：中国矿业大学出版社，1999.

[2] 侯朝炯，郭洪亮．我国煤巷锚杆支护技术的发展方向［J］．煤炭学报，1996，21（2）：
113 - 118.

[3] 杨双锁，康立勋．煤矿巷道锚杆支护研究的总结与展望［J］．太原理工大学学报，2002，
33（4）：376 - 381.

[4] 华心祝．我国沿空留巷支护技术发展现状及改进建议［J］．煤炭科学技术，2006，34
（12）：78 - 81.

[5] 王金华．我国煤巷锚杆支护技术的新发展［J］．煤炭学报，2007，32（2）：113 - 118.

[6] 康立勋，杨双锁．全煤巷道拱形整体锚固结构稳定性分析［J］．矿山压力与顶板管理，
2002，（3）：19 - 21.

[7] 张百胜，杨双锁，康立勋．全煤回采巷道整体拱形锚固结构模拟研究［J］．山西煤炭，
2001，21（1）：19 - 21.

[8] Cheng A，Cheng A P. Characterization of layeredcylindrical structures using axially symmetric
waves［J］．Journal of Nondestructive Evaluationp，1999，18（2）：117 - 126.

[9] 林崇德．层状岩石顶板破坏机理数值模拟过程分析［J］．岩石力学与工程学报，1999，
18（4）：392 - 396.

[10] 杨建辉，蔡美峰．层状岩石铰接拱全过程变形性质试验研究［J］．岩石力学与工程学
报，2004，23（2）：209 - 212.

[11] Liu Shao - wei. Stress state and caving danger of the roof in bolt［J］．Supporting Roadway
Journal Of Coal Science & Engineering（China），2006，（2）：34 - 36.

[12] Liu Shao - wei，Zhang Yong - qing. Prediction on rock stratum stability using numerical simula-
tion［J］．Journal Of Coal Science & Engineering（China），2003，9（1）：56 - 62.

[13] 张绪言，杨双锁．沿空巷层状顶板变形特征及对锚固结构的影响［J］．地下空间与工程
学报，2005，1（6）：899 - 902.

[14] 贾颖绚，宋宏伟，段艳燕．非连续岩体锚杆导轨作用的物理模拟研究［J］．中国矿业大
学学报，2007，36（4）：614 - 617.

[15] 夏彬伟，陈果，康勇，等．层状岩体围岩变形破坏特征及稳定性评价［J］．水文地质工
程地质，2010，37（4）：48 - 52.

[16] 张百胜，闫永敢，康立勋．接触单元法在层状顶板离层变形分析中的应用［J］．煤炭学
报，2008，33（4）：387 - 390.

[17] 杨建辉，尚岳全，祝江鸿．层状结构顶板锚杆组合拱梁支护机制理论模型分析［J］．岩
石力学与工程学报，2007，26（2）：4215 - 4220.

[18] 闫振东，程建祯．煤巷锚杆支护冒顶原因分析及其对策［J］．煤炭科学技术，2004，32
（7）：31 - 34.

[19] 郭志强. 锚杆支护煤层巷道冒顶事故原因分析及预防措施 [J]. 西北煤炭, 2006, 4 (3): 44-45.

[20] 马建荣, 齐海泉. 锚杆支护巷道冒顶事故分析及预防措施 [J]. 科技咨询, 2008, (1): 31-32.

[21] 石印宗. 煤巷锚杆支护冒顶事故的类型及预防 [J]. 煤矿开采, 2005, 10 (5): 39-40.

[22] 马念杰, 胡昌顺, 刘夕才, 等. 煤巷锚杆支护地应力设计方法 [J]. 矿山压力与顶板管理, 1997, 3 (4): 195-197.

[23] 谢广祥, 曹伍富, 王德润, 等. 基于人工神经网络的煤巷锚杆支护设计研究 [J]. 煤炭学报, 1999, 24 (6): 599-604.

[24] 康红普, 吴拥政, 李建波. 锚杆支护组合构件的力学性能与支护效果分析 [J]. 煤炭学报, 2010, 35 (7): 1057-1065.

[25] 张农, 袁亮. 离层破碎型煤巷顶板的控制原理 [J]. 采矿与安全工程学报, 2006, 23 (1): 34-38.

[26] 柏建彪, 王襄禹, 贾明魁, 等. 深部软岩巷道支护原理及应用 [J]. 岩土工程学报, 2008, 30 (5): 632-635.

[27] 靖洪文, 李元海, 许国安. 深埋巷道围岩稳定性分析与控制技术研究 [J]. 岩土力学, 2005, 26 (6): 877-881.

[28] 杜计平, 侯朝炯, 朱亚平, 等. 深井破碎围岩条件下煤巷锚杆构件合理配套 [J]. 采矿与安全工程学报, 2007, 24 (4): 401-404.

[29] 谭云亮, 姜福兴, 范炜林. 锚杆对节理围岩稳定性影响的离散元研究 [J]. 工程地质学报, 1999, 7 (4): 361-365.

[30] 王文杰, 任凤玉. 谦比西铜矿岩体稳定性分级及锚杆支护参数优化 [J]. 中国矿业大学学报, 2008, 17 (7): 58-61.

[31] 谢广祥, 查文华, 罗勇. 新集三矿急倾斜煤层巷道锚网索支护研究 [J]. 煤炭科学技术, 2004, 32 (12): 47-50.

[32] 靖洪文, 曲天智, 吴学兵, 等. 压力分散型锚杆力学特征影响因素的数值分析 [J]. 西安理工大学学报, 2008, (1): 32-36.

[33] 宋宏伟. 非连续岩体中锚杆横向作用的新研究 [J]. 中国矿业大学学报, 2003, 32 (2): 161-164.

[34] 韩立军, 贺永年. 破裂岩体注浆加锚特性模拟数值试验研究 [J]. 中国矿业大学学报, 2005, 34 (4): 418-422.

[35] 杨双锁, 康立勋. 锚杆作用机理及不同锚固方式的力学特征 [J]. 太原理工大学学报, 2003, 34 (5): 540-543.

[36] 张文军, 段克信, 张宏伟. 塑料胀壳式系列锚杆及其应用 [J]. 辽宁工程技术大学学报, 2006, 25 (4): 503-506.

[37] 蔡桂宝, 张文军, 方众. 全螺纹等强锚杆的开发及应用 [J]. 辽宁工程技术大学学报, 2002, 21 (2): 137-139.

[38] 郭守成, 杨双锁. 整体锚固支护理论在曙光煤矿的实践研究 [J]. 太原理工大学学报, 2008, 39 (5): 239-243.

[39] 高明中. 软岩巷道 "三锚" 支护过程对巷道围岩稳定性影响 [J]. 安徽理工大学学报, 2009, 29 (1): 8-12.

[40] 贾颖绚, 宋宏伟. 土木工程中锚杆支护机理研究现状与展望 [J]. 岩土工程, 2003, 6 (8): 53-56.

[41] 李志辉, 李亮, 李建生. 应力波法锚杆无损检测技术研究 [J]. 测绘科学, 2009, 34 (1): 205-207.

[42] 刘媛, 刘冬寿. 浅谈无损检测技术岩土工程中应用 [J]. 科技创新导报, 2011, (23): 97.

[43] 田凯. 岩土工程锚杆检测技术发展现状 [J]. 施工技术, 2007, 36 (7): 344-346.

[44] 邱清泉. 浅谈无损检测技术岩土工程中应用 [J]. 科教纵横, 2011, (7): 0194.

[45] 李维树, 甘国权, 朱荣国, 等. 工程锚杆注浆质量无损检测技术研究与应用 [J]. 科技创新导报, 2003, 24 (10): 189-194.

[46] 汪天翼, 王发刚, 肖国强. 水工工程锚杆注浆密实度无损检测试验及工程应用 [J]. 岩土工程界, 2004, 7 (6): 87-90.

[47] 蒋晓阳. 锚杆无损检测技术在官地水电站工程监理工程中的应用 [J]. 四川水力发电, 2006, 25 (5): 47-51.

[48] 鲍先凯, 刘欢欢. 基于应力波法的锚杆无损检测 [J]. 露天采矿技术, 2015, (1): 58-61.

[49] 李世春. 锚杆无损检测技术在桥梁检测中的应用 [J]. 交通科技与经济, 2006, 25 (5): 47-51.

[50] 龙士国, 马天朗. DB16 智能大型岩土工程锚杆无损检测仪及其应用 [J]. 地球物理学进展, 2003, 18 (3): 434-439.

[51] 张立伟, 时伟, 李慧娜. 深基坑工程喷锚支护锚杆无损检测试验研究 [J]. 青岛理工大学学报, 2008, 29 (5): 49-53.

[52] 谭峰屹, 王新志, 林祖锴. 岩土工程中的无损检测技术 [J]. 路基工程, 2013, (1): 24-26.

[53] 范光华, 李杰. 锚杆无损检测技术在水电站大坝基础处理工程中的应用 [J]. 上海水务, 2008, 24 (6): 46-48.

[54] 刘海峰. 激发应力波在锚杆锚固体中传播规律的实验研究 [J]. 宁夏大学学报, 2001, 22 (3): 239-243.

[55] 李义, 刘海峰, 王富春. 锚杆锚固状态参数无损检测及其应用 [J]. 岩石力学与工程学报, 2004, 23 (10): 1741-1744.

[56] 刘海峰，崔自治，朱学福，等 . 锚杆锚固质量无损检测技术研究 [J] . 宁夏工程技术，2003，2（3）：266 – 268.

[57] 李青锋，谢雄刚，朱川曲 . 应力波在预应力锚杆内传播特性分析与工程应用 [J] . 中国安全科学学报，2008，17（10）：19 – 21.

[58] 李青锋，朱川曲，唐海 . 锚杆无损检测力锤激励机理与实验 [J] . 物探与化探，2009，33（2）：224 – 228.

[59] 李青锋，李兴华，巫静波 . 应力波法无损检测锚杆煤矿锚索锚固质量的研究 [J] . 矿冶工程，2007，27（6）：1 – 3.

[60] 李善春，戴光，高峰，等 . 波导杆中声发射信号传播特性实验 [J] . 大庆石油学院学报，2006，30（5）：65 – 68.

[61] 杨湖，王成 . 弹性波在锚杆锚固体系中传播规律的研究 [J] . 测试技术学报，2002，17（2）：147 – 149.

[62] 杨湖，王成 . 锚杆围岩系统数学模型的建立及动态响应分析 [J] . 测试技术学报，2002，16（1）：41 – 44.

[63] 杨湖，王成，杨录 . 利用反射波法对锚杆锚固质量进行无损检测的研究 [J] . 弹箭与制导学报，2004，24（3）：245 – 248.

[64] 张永兴，陈建功 . 锚杆—围岩结构系统低应变动力响应理论与应用研究 [J] . 岩石力学与工程学报，2007，26（9）：4215 – 4220.

[65] 陈建功，张永兴 . 完整锚杆纵向振动问题的求解与分析 [J] . 地下空间，2003，23（3）：268 – 271.

[66] 陈建功，张永兴 . 锚杆系统动测信号的特征分析 [J] . 岩土工程学报，2008，30（7）：1051 – 1057.

[67] 许明，张永兴，李燕 . 锚杆动测问题的解析解 [J] . 重庆建筑大学学报，2003，25（2）：48 – 53.

[68] 钟宏伟，胡祥云 . 锚杆锚固质量声波检测技术的现状分析 . 工程地球物理学报，2005（2）：50 – 54.

[69] 夏代林 . 锚杆锚固质量快速无损检测技术研究 [J] . 焦作工学院，2000，19（5）：55 – 59.

[70] 刘海峰，杨维武，李义 . 全长锚固锚杆早期锚固质量无损检测技术 [J] . 煤炭学报，2007，32（10）：1066 – 1069.

[71] 杨维武，刘海锋 . 锚杆锚固质量及无损检测技术研究现状 [J] . 岩土工程，2008，28（2）：92 – 94.

[72] 杨维武，刘海锋，宋建夏 . 混凝土结构无损检测技术研究 [J] . 宁夏工程技术，2006，5（6）：217 – 220.

[73] 张世平，张昌锁，王成，等 . 锚杆锚固体系中的波系特征研究 [J] . 岩土力学，2002，24（2）：147 – 149.

[74] 张世平，张昌锁，白云龙，等．注浆锚杆完整性检测方法研究［J］．岩土力学，2011，32（11）：3368－3372．

[75] 张昌锁，李义，Steve Zou．锚杆锚固结构中导波传播的数值模拟［J］．太原理工大学学报，2009，40（3）：274－278．

[76] 李义，张昌锁，王成．锚杆锚固质量无损检测几个关键问题的研究［J］．岩石力学与工程学报，2008，27（1）：108－116．

[77] 王成，恽寿榕，李义．锚杆—锚固介质—围岩系统瞬态激励的响应分析［J］．太原理工大学学报，2000，31（6）：658－661．

[78] 任智敏，李义．基于声波测试的锚杆锚固质量检测信号分析与评价系统实现［J］．煤炭学报，2011，36（1）：191－196．

[79] 李义．锚杆锚固质量无损检测与巷道围岩稳定性预测机理研究［D］．太原：太原理工大学，2009．

[80] 杨建辉．锚杆支护煤巷层状结构顶板稳定性研究与应用［D］．北京：北京科技大学，2002．

[81] 侯朝炯，勾攀峰．巷道锚杆支护围岩强度强化机理研究［J］．岩石力学与工程学报，2000，19（3）：342－345．

[82] 康红普，王金华．煤巷锚杆支护理论与成套技术［M］．北京：煤炭工业出版社，2007．

[83] 汪明武，王鹤龄．锚固质量的无损检测技术［J］．岩石力学与工程学报，2000，21（1）：126－129．

[84] 李张明．锚杆锚固质量无损检测理论与智能诊断技术研究［D］．天津：天津大学，2007．

[85] 乔宝明．偏微分方程及其数值解［M］．西安：西北工业大学出版社，2009．

[86] 郭伟国，李玉龙，索涛．应力波基础简明教程［M］．西安：西北工业大学出版社，2007．

[87] 王礼立．应力波基础［M］．北京：国防工业出版社，1985．

[88] 刘喜武．弹性波场论基础［M］．青岛：中国海洋大学出版社，2008．

[89] 费康，张建伟．ABAQUS 在岩石工程中的应用［M］．北京：中国水利水电出版社，2013．

[90] 刘少伟，李鑫涛，樊克松．树脂锚杆锚固长度声波探测技术及数值实验［J］．中国安全生产科学技术，2014，10（4）：31－37．

[91] 河南理工大学．一种煤矿树脂锚杆锚固质量的无损检测实验装置：中国，201420522847.1［P］．2015－1－14．

[92] 刘海峰，杨维武．混凝土强度的锚固体固结波速检测法［J］．无损检测，2007，29（9）：522－526．

[93] 张昌锁，李义，Zou Steve．锚杆锚固体系中的固结波速研究［J］．岩石力学与工程学报，2009，28（2）：3604－3608．

[94] 河南理工大学. 锚杆锚固力测试仿真综合实验装置：中国, 201420046772.4[P]. 2014 - 6 - 25.

[95] 徐金海, 周保精, 吴锐. 煤矿锚杆支护无损检测技术与应用 [J]. 采矿与安全工程学报, 2010, 27 (2)：166 - 170.

[96] 樊克松, 申宝宏, 刘少伟, 等. 巷道顶板锚固体应力波传播特性数值试验与应用 [J]. 采矿与安全工程学报, 2018, 35 (2)：245 - 253.

[97] Matsumoto Y. Ground pressure behaviors of opening and rock bolt support. A thesis subm it ted for the degree of doctor of engineering. Murolan University of Technology, 1994. al of Rock Mechanics an.

[98] Bai Jianbiao. Stability analysis for main roof of roadway driving along next goaf. Journal of Coal Science & Engineering (China), 2003 (1).

[99] Wang Weijun. Study on mechanism and practice of surrounding rock control of high stress coal roadway Journal of Coal Science & Engineering (China), 2006 (2).

[100] Liu Shaowei. Design method of bolt supporting with tracking on whole line in roadway. Ismsst, 2007, 630 - 634.

[101] Zhang Ruhai, Liu shaowei. The relationship between developed degree of joints and roof caving risk in bolting roadway. Ismsst, 2007.

[102] Wang weijun. Study on mechanical principle of reinforcing sidewalls and corners of roadway to control floor heave by anchors. Journal of Coal Science & Engineering (China), 2003 (1).

[103] 耿献文, 谭云亮. 复合顶板采动影响煤层巷道锚杆支护技术 [J]. 有色金属, 2004, 6：25 - 26, 46.

[104] 谭云亮, 王春秋. 锚杆加固巷道顶板稳定性潜力机理分析 [J]. 岩石力学与工程学报, 2003, z1：2210 - 2213.

[105] ACI Committee365. Service - life prediction, state - of - the - art report, ACI 365. IR - 00 [R]. [S.1]：ACI Committee 365, 2000.

[106] 李学华, 杨宏敏, 刘汉喜, 等. 动压软岩巷道锚注加固机理与应用研究 [J]. 采矿与安全工程学报, 2006, 6：159 - 163.

[107] 翟英达. 锚杆预紧力在巷道围岩中的力学效应 [J]. 煤炭学报, 2008, 8：856 - 859.

[108] 贾明魁. 锚杆支护煤巷冒顶事故研究及其隐患预测 [D]. 北京：中国矿业大学, 2005.

[109] 刘少伟. 锚杆支护煤巷冒顶危险区预测 [D]. 北京：中国矿业大学, 2006.

[110] 张宏伟, 张文军, 邹本和. 锚杆支护监测方法研究 [J]. 煤炭科学技术, 1999, (5)：22 - 23, 31.

[111] 徐金海, 周保精, 吴锐. 煤矿锚杆支护无损检测技术与应用 [J]. 采矿与安全工程学报, 2010, 2：166 - 170.

[112] 刘盛东, 张平松. 工程锚杆锚固质量动测技术 [J]. 地球物理学进展, 2004, 19 (3)：

568－572.

[113] JL 罗斯，何存富．固体中的超声波［M］．吴斌译．北京：科学出版社，2004.

[114] 孙广忠，张文彬．一种常见的岩体结构——板裂结构及其力学模型［J］．地质科学，1985，3，15－19.

[115] 叶明亮．采场顶板破断规律及其应力状态的研究［J］．贵州工业大学学报，1998，27（3）：13－16.

[116] 陈炎光，钱鸣高．中国煤矿采场围岩控制［M］．徐州：中国矿业大学出版社，1994.

[117] 钱鸣高，廖协兴，何富连．采场砌体梁结构的关键块分析［J］．煤炭学报，1994，19（6）：557－563.

[118] A. A. 鲍里索夫，王庆康译．矿山压力原理与计算［M］．北京：煤炭工业出版社，1986，77－105.

[119] Passaris E K S, Ran J Q, Mottahed P. Stability ofthe jointed roof in stratified rock. Int. J. Rock. Mech. Min Sci and Geomech. Abstr. 1993, 30 (7): 857－860.

[120] B H G 布雷迪，E T 布朗．地下采矿岩石力学［M］．冯树仁，余诗刚等译．北京：煤炭工业出版社，1990.

[121] M S Diederichs, P K Kaise. Stability of large excavations in laminated hard rock masses: the voussoir analogue revisited. In. J. of Rock. Mech. and Min. Sci, 1999, 36 (1): 97－117.

[122] Sofianos A I, Kapenis A P. Numerical Evalution of the response in bending of an underground hard rock voussoir beam roof. Int. J. of Rock. Mech. and Min. Sci, 1998, Vol (8): 1071－1086.

[123] Sofianos A I. Analysis and design of an underground hard rock voussoir beam roof. Int. J. Rock. Mech. Min. Sci. and Geomech. Abstr. 1996, Vol (2): 153－166.

[124] 缪协兴．采场老顶初次来压时的稳定性分析［J］．中国矿业大学学报，1989，18（3）：88－92.

[125] 张志文．采场上覆岩层平衡条件的模型研究［J］．中国矿业大学学报，1983，12（4）：41－51.

[126] 陈庆敏，金太，郭颂．锚杆支护的"刚性"梁理论及其应用［J］．矿山压力与顶板管理，2000：2－5.

[127] 林崇德，陆士良，史元伟．煤巷软弱顶板锚杆支护作用的研究［J］．煤炭学报，2000，25（5）：482－485.

[128] 夏代林．锚杆锚固质量快速无损检测技术研究［J］．焦作工学院，2000.

[129] 姜福兴，Luo Xun. 微震监测技术在矿井岩层破裂监测中的应用［J］．岩土工程学报，2002，24（2）：147－149.

[130] 祝江鸿，纪洪广，卢鹏程，等．组合拱梁理论在回采巷道顶板锚杆支护中的应用［J］．中国煤炭，2009，4：69－72.

［131］ 谢文兵，陈晓祥，郑百生. 采矿工程问题数值模拟研究及分析［M］. 徐州：中国矿业大学出版社，2005.

［132］ 方开泰，马长兴. 正交设计与均匀设计［M］. 北京：科学出版社，2001.

图书在版编目（CIP）数据

煤巷层状顶板锚固体失稳模式及波导特性／刘少伟
著． -- 北京：应急管理出版社，2020
ISBN 978 - 7 - 5020 - 8020 - 4

Ⅰ．①煤… Ⅱ．①刘… Ⅲ．①煤巷支护—顶板支护—
锚杆支护—稳定性—研究 Ⅳ．①TD353

中国版本图书馆 CIP 数据核字（2020）第 027891 号

煤巷层状顶板锚固体失稳模式及波导特性

著　　者	刘少伟	
责任编辑	徐　武	
责任校对	陈　慧	
封面设计	王　滨	

出版发行　应急管理出版社（北京市朝阳区芍药居 35 号　100029）
电　　话　010 - 84657898（总编室）　010 - 84657880（读者服务部）
网　　址　www.cciph.com.cn
印　　刷　北京虎彩文化传播有限公司
经　　销　全国新华书店

开　　本　710mm×1000mm$^1/_{16}$　印张　13 $^1/_2$　字数　246 千字
版　　次　2020 年 4 月第 1 版　2020 年 4 月第 1 次印刷
社内编号　20193356　　　　　　定价　49.00 元